集约用海区用海布局优化技术研究及应用

温国义　杨建强　索安宁　编著

海洋出版社

2015年·北京

图书在版编目（CIP）数据

集约用海区用海布局优化技术研究及应用/温国义等编著．—北京：海洋出版社，2015.1

ISBN 978－7－5027－9075－2

Ⅰ.①集…　Ⅱ.①温…　Ⅲ.①渤海－海洋环境－环境生态评价－研究　Ⅳ.①X145

中国版本图书馆 CIP 数据核字（2015）第 016704 号

责任编辑：杨传霞
责任印制：赵麟苏

海洋出版社　出版发行

http：//www.oceanpress.com.cn

北京市海淀区大慧寺路 8 号　邮编：100081

北京画中画印刷有限公司印刷　新华书店发行所经销

2015 年 1 月第 1 版　2015 年 1 月北京第 1 次印刷

开本：787mm×1092mm　1/16　印张：10.75

字数：256 千字　定价：66.00 元

发行部：62132549　邮购部：68038093　总编室：62114335

海洋版图书印、装错误可随时退换

前　言

当前，环渤海区域性、行业性重大发展战略是我国环渤海沿岸经济发展的重要战略之一。天津滨海新区基本已建成为港口、石化类项目集中区域，集聚布局了天津港、天津临港经济区、天津南港工业区等重要企业；河北省依托曹妃甸循环经济区打造世界级临港工业基地，发展沿海经济带国家战略，集聚了曹妃甸、京唐港等重点开发区域；辽宁省制定了"五点一线"沿海经济带发展战略，大力发展以石化、钢铁、大型装备和造船为重点的临海、临港工业，其中环渤海区发展"五点"中的"三点"，分别为大连长兴岛临港工业区、辽宁（营口）沿海产业基地、辽西锦州湾沿海经济区（包括锦州西海工业区和葫芦岛北港工业区）等重点区域；2011 年 1 月 4 日，国务院以国函〔2011〕1 号文件批复《山东半岛蓝色经济区发展规划》，这是"十二五"开局之年第一个获批的国家发展战略，也是我国第一个以海洋经济为主题的区域发展战略，山东半岛蓝色经济区将形成"一核、两极、三带、三组团"的总体框架，其中"三带"中的"海岸开发保护带"重点打造海州湾北部、董家口、丁字湾、前岛、龙口湾、莱州湾东南岸、潍坊滨海、东营城东海域、滨州海域九个集中集约用海片区，环渤海区占了其中的五席。

目前环渤海区域正在实施辽宁省沿海经济带、天津滨海新区、河北省曹妃甸循环经济区和山东半岛蓝色经济区发展战略，都要进行规划中集约用海、正在建设集约用海和大规模开发集约用海三大类集约用海，这将可能引发海洋环境风险失控，降低环渤海地区产业发展与海洋资源环境的协调性，最终将导致该区域发展的不可持续性。同时有些集约用海采用海岸向海延伸、海湾截弯取直或利用多个人工岛为依托进行建设，这不仅带来了自然岸线缩减、海湾消失、岛屿数量下降、自然景观被破坏等一系列问题，也造成了近岸海域生态环境的破坏、海水动力条件失衡以及海域功能严重受损。因此，开展集约用海区用海布局优化技术研究显得尤为迫切。该项研究能够全面提升集约用海的社会、经济、环境效益，最大限度地减少其对海洋自然岸线、海域功能和海洋生态环境造成的损害，实现科学合理用海。

本书基于 2010 年度海洋公益性行业科研专项项目"基于生态系统的环渤海区域开发集约用海研究"（项目编号：201005009）子任务 04 的研究成果，阐述了集约用海区用海布局优化技术研究及其应用情况，首先，建立了环渤海集约用海空间布局优化评估指标体系；其次，在渤海重点海湾开展示范应用；最后，基于环渤海岸线、围填海现状、生态红线划分、功能区划等情况以及集约用海优化评估结果，提出环渤海"三省一市"集约用海空间布局优化调整方案，为进行集约用海评估与优化业务化应用研究和环渤海区域开发集约用海信息管理及辅助决策应用研究提供技术支撑。

本书各章节的编写分工如下。

第 1 章，概述，由国家海洋局北海环境监测中心负责完成。

第 2 章，单个集约用海项目优化评估技术研究及应用，由国家海洋环境监测中心负责，国家海洋局北海环境监测中心参与完成。

第 3 章，区域集约用海优化评估技术研究及应用，由国家海洋局北海环境监测中心负责，中国科学院烟台海岸带研究所、中国科学院南京地理与湖泊研究所、国家海洋局北海预报中心、中国科学院遥感与数字地球研究所参与，国家海洋局北海环境监测中心负责试点应用。

第 4 章，集约用海区专题信息提取，由中国科学院遥感与数字地球研究所负责技术研究，国家海洋局北海环境监测中心参与分析。

第 5 章，环渤海集约用海区优化布局方案，由国家海洋局北海环境监测中心负责技术研究。

各单位编写人员排序如下：

国家海洋局北海分局：杨建强；

国家海洋局北海环境监测中心：温国义、刘娜娜、赵蓓、马芳、宋文鹏、霍素霞、杜明、刘莹、张祎、张学州；

中国科学院烟台海岸带研究所：吴晓青、都晓岩、王勇、刘红梅；

中国科学院南京地理与湖泊研究所：张落成、朱天明、刘剑；

中国科学院遥感与数字地球研究所：李紫薇、徐进勇、杨晓峰；

国家海洋局北海预报中心：黄娟、白涛、商杰、赵鹏、连喜虎；

国家海洋环境监测中心：索安宁、韩富伟。

本书在写作过程中特别感谢国家海洋局北海环境监测中心崔文林主任、孙培艳书记和同事们对此项工作的大力支持，同时也特别感谢项目协作单位提供的帮助，感谢所有参与、关心此项工作的同仁们！

由于时间关系以及笔者对该前沿领域研究认识水平有限，书中的不足和错误，敬请各界人士批评指正。

作者

2014 年 12 月

目 录

第1章 概述

1.1 研究的必要性

基于生态系统的集约用海评估与优化关键技术研究及应用是《国家中长期科学和技术发展规划纲要》中"区域海洋管理研究"领域重要的任务之一，是《国家"十一五"海洋科学和技术发展规划纲要》中"开展海洋管理研究，促进海洋事业可持续发展"的重要方面。国务院和环渤海"三省一市"地方政府在环渤海海域开发利用活动中都明确要求集中集约用海、优化空间布局，加强资源环境管理、保护海洋生态系统，以达到社会效益、经济效益、生态环境三效益的统一，这就要求集约用海评估与优化关键技术研究要综合考虑海岸带生态影响、环境影响、社会经济影响等多个方面。

环渤海地区是中国北部沿海的黄金海岸，在中国对外开放的沿海发展战略中占有重要地位。通过本项研究，实现对环渤海集约用海区用海布局进行综合分析和评价，建立环渤海集约用海空间布局优化评估指标体系，并进一步提出环渤海"三省一市"集约用海空间布局优化调整方案，为进行集约用海评估与优化业务化应用研究和海洋环境管理、政府规划与决策、相关科研成果提供技术支撑，为国内外类似集约用海区用海布局优化提供示范。因此，本研究不仅是必要的，而且是非常迫切的，具有重要的经济效益和社会效益。

1.2 主要研究任务

针对"规划中、正在建设和已大规模开发"三大类集约用海，筛选并建立集约用海布局优化评估指标体系；进行不同工况用海布局比选研究，提出集约用海布局优化调整体系。

（1）集约用海布局优化评估指标体系构建

根据集约用海发展特点和环渤海区域条件，从两个方面提出集约用海布局优化评估指标体系：一是从围填海空间强度、岸线长度、海洋过程廊道畅通度、形成人工岛的特征等方面，来阐述并筛选单个集约用海项目优化评估指标；二是从水动力评价、经济效益评价和景观格局分析三个方面，构建区域集约用海优化评估指标体系。

（2）用海布局优化调整方案建立

开展集约用海的不同工况用海布局比选。根据不同工况用海布局比选结果，确定用海布局推荐方案。对于处于规划阶段的集约用海，提出用海布局优化评估方案。对于正在建设和已大规模开发的集约用海，需要优化调整时，提出用海布局优化调整方案。

1.3 研究进展

1.3.1 围填海研究现状和发展趋势

世界上土地资源不足的国家，如荷兰、日本、韩国等，都开展过大规模的围填海活动，形成的土地成为这些国家重要的农业区和临海工业集中区。荷兰在围填海方面强调填海区域的生态系统的稳定性，强化海岸作为众多海洋生物栖息地的功能；日本在围填海时非常注重对围填海区域的整体规划和优化平面设计，以保持有序的围填海布局和较大的发展空间，并提高岸线资源利用率；韩国在围填海的用海布局设计方面较大程度地体现了公众的参与性，工程建设之前，相关部门向填海工程环境评价的公众发放征询意见表，广泛征求公众的良好意见和建议。

我国对围填海工程平面设计起步较晚，但目前在部分集约用海建设中，用海布局的优化已引起了足够的重视。其中，天津滨海新区确定了"双城双港，相向拓展，一轴两带，南北生态"的总体思路和"一核双港、九区支撑、龙头带动"的发展战略，重点发展港口物流、临海工业、滨海旅游、海洋新兴产业等优势产业，现已初具规模且发展势头强劲。改进围填海工程的平面设计方式，推进围填海工程平面设计的科学论证，开展围填海工程平面设计的比选与优化，最大限度地减少围填海活动对海洋生态环境造成的破坏是未来围填海工程的必然发展趋势。为此，国家海洋局发布了《关于改进围填海造地工程平面设计的若干意见》（国海管字〔2008〕37 号）。2005 年，福建省海洋与渔业局针对围填海造地需求与海洋资源环境保护矛盾日益突出的情况，开展了全省12 个海湾和 1 个河口的数值模拟和环境研究，形成了一系列关于围填海影响评估和规划方面的研究成果，是海洋规划环境影响评价领域的代表性成果，推动了围填海规划环境影响评估的研究发展。

1.3.2 土地利用、海岸线卫星遥感监测研究

目前关于土地利用的遥感解译方法包括计算机自动分类和计算机辅助专家目视判读两种，方法较成熟。但是大范围的土地利用制图多采用专家目视判读的遥感解译方法。由中国科学院遥感与数字地球研究所等多家单位联合完成的 20 世纪 80 年代以来全国多期 1∶10 万土地利用数据库是目前在生态环境领域应用最多的数据。虽然关于地区土地利用变化研究的学者及研究成果较多，但以小区域研究成果居多，土地利用制图的时间序列相对较短。而本项目研究 20 世纪 90 年代以来渤海周边地区的土地利用状况，研究区域广泛、时间序列长、土地利用制图时间更新频次多。虽然本项目中关于环渤海周边地区的土地利用状况遥感监测内容，与第二次全国土地利用调查的研究区域有重叠部分，但本项目研究时间序列相对较长，制图比例尺为 1∶10 万，而第二次全国土地利用调查目前未有正式结果公布，制图比例尺较大。

目前，利用遥感技术观测海岸线分布的研究已有很多。关于中国海岸线遥感监测的研究多集中于小区域，比如某一沿海省份或某一特殊岸段，且注重做海岸线遥感特征信

息提取的方法研究，缺少大范围和长时间序列的海岸线遥感动态监测研究。

1.3.3　景观生态学研究进展

景观生态学的概念是 1939 年德国植物学家 Troll 利用航空像片研究东非土地利用问题时提出来的，用来表示对支配一个区域单位的自然—生物综合体的相互关系的分析。Vink（1983）则强调景观作为生态系统的载体，是一个控制系统。Richard T T Forman 和 Michael Godron（1986）在合著的《Landscape Ecology》一书中认为："景观生态学探讨生态系统——如林地、草地、灌丛、走廊和村庄——异质性组合的结构、功能和变化。"作者运用生态学的原理和方法，系统研究了景观研究的空间结构、景观动力学以及景观的异质性原理。美国景观生态学尽管发展比欧洲晚，但其在创造景观生态学的基本理论框架上颇有成绩。美国景观生态学的先驱 Pansereon 就积极提倡地理学和生态学的结合，并对景观生态进行地理学研究。

景观生态学研究在中国起步较晚，中国学者在国内介绍景观生态学始于 20 世纪 80 年代初。1981 年黄锡畴和刘安国在《地理科学》上分别发表的《德意志联邦共和国生态环境现状及保护》和《捷克斯洛伐克的景观生态研究》，是我国国内正式刊物上首次介绍景观生态学的文献。1989 年 10 月在沈阳召开的第一届全国景观生态学讨论会标志着我国景观生态学的研究掀开了新的篇章，具有划时代的意义。1996 年和 1997 年陈利顶、王宪礼等人分别发表《黄河三角洲地区人类活动对景观结构的影响分析》和《辽河三角洲湿地的景观格局分析》的论文，将景观生态学理论应用于滨海湿地和人类影响的分析上。

第2章 单个集约用海项目优化评估技术研究及应用

根据集约用海产业发展特点、区位条件等，目前围填海设计方式主要有人工岛式围填海、多突堤式围填海和区块组团式围填海三种方式。其中的大多数为区块组团式围填海。本研究主要以这三种围填海方式来分析单个集约用海项目的优化评估指标筛选与构建。

2.1 围填海平面设计评价指标筛选原则

为了加强围填海平面设计的管理，本研究在深入研究国内外围填海平面设计的基础上，从围填海用海面积规模与地理位置布局、围填海海岸线长度改变、围填海亲海岸线营造、围填海自然海岸线保护、围填海水域空间保留以及围填海海洋过程畅通等方面筛选了围填海平面设计的评价指标，其指标筛选遵循的原则如下。

（1）保护自然岸线的原则

自然岸线是海陆长期作用形成的自然海岸形态，具有环境上的稳定性、生态上的多样性和资源上的稀缺性等多重属性。自然岸线一旦遭到破坏，很难恢复和再造，因此，进行围填海造地工程建设，应尽量不用或少用自然岸线，要避免采取截弯取直等严重破坏自然岸线的围填海造地方式。

（2）延长人工岸线的原则

围填海形成土地的价值主要取决于新形成土地的面积和新形成人工岸线的长度。人工岸线越长，则新形成土地的价值越大。因此，围填海工程的平面设计要尽量增加人工岸线曲折度，延长人工岸线的长度，提高新形成土地的价值。

（3）提升亲海景观效果的原则

围填海造地工程必然会改变岸线的自然景观，因此，对围填海新形成土地的开发利用，一定要十分注重景观的建设。一般情况下，应在人工岸线向陆一侧留出一定宽度的景观区域，进行必要的绿化和美化，同时要注意营造人与海洋亲近的环境和条件。

（4）集约、节约用海原则

围填海要充分保护有限的自然岸线，集约、节约现有自然岸线，促进围填海集中布局于一定的岸段，以避免围填海遍地开发，占用和破坏有限的海岸线资源。

（5）保护海洋生态环境原则

围填海要尽量减少对所在海域海洋环境的影响，尽可能地多预留原有海域空间，保留重要的潮汐通道和生态通道，以改善围填海区域水动力条件，保护海洋生物的洄游通道，减少对海洋生态环境的干扰与破坏。

2.2　围填海平面设计主要方式

改进围填海造地工程平面设计,核心是要由海岸向海延伸式围填海逐步转变为人工岛式围填海和多突堤式围填海,由大面积整体式围填海逐步转变为多区块组团式围填海。平面设计要体现离岸、多区块和曲线的设计思路。主要方式如下。

(1) 人工岛式围填海

采用人工岛式的围填海造地,既可以最大限度地延长新形成土地的人工岸线,又可以不占用和破坏自然岸线。通过桥梁和隧道的方式连接人工岛与陆地,可以获得与延伸式围填海造地同样便利的交通条件。在海域条件适合的地区,应把人工岛式围填海造地作为首选方式。

(2) 多突堤式围填海

对于因工程建设需要,必须利用岸线向海延伸的围填海造地工程,要推广多突堤式围填海工程平面设计。这种平面设计的围填海工程,既可以最大限度地节约使用自然岸线,也可以最大限度地延长新形成土地的人工岸线。除海域条件不适合的地区外,延伸式围填海造地工程应逐步做到全部采用多突堤式平面设计。

(3) 区块组团式围填海

对于面积较大、用途多样性的围填海造地项目,可以采取区块组团式围填海造地方式,即:根据用途需要,必须利用岸线的部分,采取多突堤式围填海方式,可将不利用岸线的部分,采取人工岛式的围填海方式。将多突堤式围填海和人工岛式围填海合理组合,可以实现上述两种围填海方式的优势互补。

2.3　单个集约用海项目的优化评估指标体系构建

2.3.1　单个集约用海项目的优化评估指标筛选

2.3.1.1　人工岛式围填海平面设计评价指标

(1) 人工岛空间形状评价指标

为了促进人工岛平面设计,尽量延伸岸线长度,营造更多的近海亲水海岸环境,提高人工岛围填形成土地的开发利用价值,保护海洋生态环境,采用人工岛形状指数表征人工岛平面设计的空间复杂程度,人工岛形状指数为人工岛围填海面积与周长的比例,计算方法如下:

$$LSI = \frac{0.25E}{\sqrt{A}} \qquad (2.1)$$

式中:LSI 为人工岛形状指数;E 为人工岛围填海岸线总长度;A 为人工岛总面积。当人工岛形状指数 $LSI < 1.0$ 时,表示人工岛平面形状接近于圆形,人工岛岸线较短,临海区域较小;当人工岛形状指数 $LSI = 1.0$ 时,表示人工岛平面形状呈正方形,人工岛岸线增长,临海区域增大;当人工岛形状指数 $LSI > 1.0$ 时,表示人工岛平面形状不规则或偏离正方形，而且 *LSI* 值越大，人工岛平面形状越复杂，人工岛海岸线越长，临海区域越大。

为了表征人工岛围填海对海岸线及临海区域的营造程度，本研究将人工岛形状指数划分为 5 个等级：当人工岛形状指数 $LSI \leqslant 1.0$ 时，为 I 级，说明人工岛平面形状极简单，岸线延伸体现极少，其标准化赋值为 0.2；当人工岛形状指数 $1.0 < LSI \leqslant 1.2$ 时，为 II 级，人工岛平面形状简单，岸线延伸体现很少，其标准化赋值为 0.4；当人工岛形状指数 $1.2 < LSI \leqslant 1.5$ 时，为 III 级，人工岛平面形状复杂，岸线延伸得以体现，其标准化赋值为 0.6；当人工岛形状指数 $1.5 < LSI \leqslant 2.0$ 时，为 IV 级，人工岛平面形状很复杂，岸线延伸较大，其标准化赋值为 0.8；当人工岛形状指数 $LSI > 2.0$ 时，为 V 级，人工岛平面设计极复杂，岸线延伸很大，其标准化赋值为 1.0。具体的人工岛平面形状指数划分等级见表 2.1。

表 2.1 人工岛平面形状指数等级划分与标准化

LSI 值	等级	指标意义	标准化值
$LSI \leqslant 1.0$	I 级	人工岛平面形状极简单，岸线延伸体现极少	0.2
$1.0 < LSI \leqslant 1.2$	II 级	人工岛平面形状简单，岸线延伸体现很少	0.4
$1.2 < LSI \leqslant 1.5$	III 级	人工岛平面形状复杂，岸线延伸得以体现	0.6
$1.5 < LSI \leqslant 2.0$	IV 级	人工岛平面形状很复杂，岸线延伸较大	0.8
$LSI > 2.0$	V 级	人工岛平面设计极复杂，岸线延伸很大	1.0

（2）人工岛距离海岸线远近评价指标

人工岛距离大陆海岸线的远近是表征人工岛对海岸生态环境影响的一个重要指标。一般人工岛距离大陆海岸线越远，其建设对海岸生态环境的影响越小；反之，人工岛距离大陆海岸线越近，对海岸生态环境的影响越大，况且过于靠近大陆海岸线的人工岛，会因水动力不畅，泥沙长期淤积而最终与大陆连为一体，改变人工岛的设计初衷。本研究采用人工岛离岸指数表征人工岛距离大陆岸线的远近距离，人工岛离岸指数为人工岛海岸线距离大陆海岸线的最短距离。人工岛离岸指数计算方法如下：

$$L = H_i \tag{2.2}$$

式中：L 为人工岛离岸指数；H_i 为人工岛距离大陆海岸线的最短距离，单位为米。根据人工岛距离大陆海岸线的距离，将人工岛离岸指数划分为 5 个等级：当 $L \leqslant 200$ 时，为 I 级，人工岛距离大陆过近，人工岛特征不明显，极易发生淤积，标准化赋值为 0.2；当 $200 < L \leqslant 500$ 时，为 II 级，人工岛距离大陆较近，较易发生淤积，标准化赋值为 0.4；当 $500 < L \leqslant 1\ 000$ 时，为 III 级，人工岛距离大陆适中，人工岛特征明显，标准化赋值为 0.6；当 $1\ 000 < L \leqslant 2\ 000$ 时，为 IV 级，人工岛距离大陆远，人工岛特征很明显，标准化赋值为 0.8；当 $L > 2\ 000$，为 V 级，人工岛距离大陆极远，人工岛特征极明显，标准化赋值为 1.0。人工岛离岸指数标准化赋值具体见表 2.2。

表 2.2　人工岛离岸指数等级划分与标准化

离岸指数	等级	指标意义	标准化值
$L \leqslant 200$	Ⅰ级	人工岛距离大陆过近，人工岛特征不明显，极易发生淤积	0.2
$200 < L \leqslant 500$	Ⅱ级	人工岛距离大陆较近，较易发生淤积	0.4
$500 < L \leqslant 1\,000$	Ⅲ级	人工岛距离大陆适中，人工岛特征明显	0.6
$1\,000 < L \leqslant 2\,000$	Ⅳ级	人工岛距离大陆远，人工岛特征很明显	0.8
$L > 2\,000$	Ⅴ级	人工岛距离大陆极远，人工岛特征极明显	1.0

（3）人工岛建设的亲海岸线营造程度评价指标

为了表征人工岛建设对公众亲海、亲水环境的营造程度，增加有效亲海、亲水海岸线长度，促进人工岛平面设计满足公众日益增长的亲海、亲水需求，采用亲海岸线指数表征人工岛建设对亲海岸线的营造程度。亲海岸线指数为人工岛建设区域新增公众亲海岸线长度与人工岛建设形成海岸线总长度的比值，其计算公式为：

$$C_z = \frac{L_p}{l_t} \tag{2.3}$$

式中：C_z 为亲海岸线指数；L_p 为人工岛区域内新增公众亲海岸线长度，这里的公众亲海岸线是指社会公众能够自由到达的海岸线；L_t 为人工岛形成岸线总长度。根据亲海岸线指数大小可划分为 5 个亲海等级：当 $C_z \leqslant 0.1$ 时，为Ⅰ级，说明人工岛建设营造的亲海岸线比例很低，不能满足公众的亲海、看海需求，标准化赋值为 0.2；当 $0.1 < C_z \leqslant 0.2$ 时，为Ⅱ级，说明人工岛建设营造的亲海岸线比例较低，限制公众的亲海、看海需求，标准化赋值为 0.4；当 $0.2 < C_z \leqslant 0.3$ 时，为Ⅲ级，说明人工岛建设营造的亲海岸线比例高，可满足公众的亲海、看海需求，标准化赋值为 0.6；当 $0.3 < C_z \leqslant 0.5$ 时，为Ⅳ级，说明人工岛建设营造的亲海岸线比例很高，可极大地满足公众的亲海、看海需求，标准化赋值为 0.8；当 $C_z > 0.5$ 时，为Ⅴ级，说明人工岛建设营造的亲海岸线比例极高，可最大程度地满足公众的亲海、看海需求，标准化赋值为 1.0。人工岛亲海岸线等级标准化赋值具体见表 2.3。

表 2.3　人工岛亲海岸线等级划分与标准化

C_z 值	等级	指标意义	标准化值
$C_z \leqslant 0.1$	Ⅰ级	亲海岸线比例很低	0.2
$0.1 < C_z \leqslant 0.2$	Ⅱ级	亲海岸线比例较低	0.4
$0.2 < C_z \leqslant 0.3$	Ⅲ级	亲海岸线比例高	0.6
$0.3 < C_z \leqslant 0.5$	Ⅳ级	亲海岸线比例很高	0.8
$C_z > 0.5$	Ⅴ级	亲海岸线比例极高	1.0

（4）人工岛临岸区域面积比例评价指标

为了控制人工岛建设规模过大产生的海洋生态环境累积影响，同时提高人工岛建设形成土地的临岸效果，避免大面积、大片块的人工岛建设对海洋生态环境过程带来的巨大影响，采用临岸区域指数表征人工岛平面设计中邻近海岸线区域面积比例的大小。临岸区域指数为人工岛海岸线 100 m 范围内的岛上土地面积与人工岛建设形成土地总面积的比例。计算方法如下：

$$A_c = \frac{S_{100}}{S_0} \tag{2.4}$$

式中：A_c 为临岸区域指数；S_{100} 为人工岛海岸线 100 m 范围内的土地面积（hm^2）；S_0 为人工岛形成土地总面积（hm^2）。

临岸区域指数可以划分为 5 个等级：当临岸区域指数 $A_c \leq 0.1$ 时，为 I 级，说明人工岛面积在 1 000 hm^2 以上，单个人工岛面积规模过大，且人工岛空间形状很紧凑，海岸线延伸长度很有限，临岸区域比例很低，标准化赋值为 0.2；当临岸区域指数 $0.1 < A_c \leq 0.2$ 时，为 II 级，说明单个人工岛面积规模较大，且人工岛空间形状较紧凑，海岸线延伸长度有限，临岸区域比例较低，标准化赋值为 0.4；当临岸区域指数 $0.2 < A_c \leq 0.3$ 时，为 III 级，说明单个人工岛面积规模大，人工岛空间形状趋于复杂，海岸线得到一定延伸，临岸区域比例低，标准化赋值为 0.6；当临岸区域指数 $0.3 < A_c \leq 0.5$ 时，为 IV 级，说明人工岛面积规模适中，或人工岛空间形状较复杂，临岸区域较丰富，标准化赋值为 0.8；当临岸区域指数 $A_c > 0.5$ 时，为 V 级，说明单个人工岛面积规模较小，或人工岛空间形状很复杂，临岸区域极丰富，标准化赋值为 1.0。人工岛临岸区域指数标准化赋值见表 2.4。

表 2.4　人工岛临岸区域指数等级划分与标准化

A_c 值	等级	指标意义	标准化值
$A_c \leq 0.1$	I 级	单个人工岛面积规模过大，临岸区域比例很低	0.2
$0.1 < A_c \leq 0.2$	II 级	单个人工岛面积规模较大，临岸区域比例较低	0.4
$0.2 < A_c \leq 0.3$	III 级	单个人工岛面积规模大，临岸区域比例低	0.6
$0.3 < A_c \leq 0.5$	IV 级	单个人工岛面积规模适中，临岸区域较丰富	0.8
$A_c > 0.5$	V 级	单个人工岛面积规模较小，临岸区域极丰富	1.0

（5）水域景观营造程度评价指标

为了在人工岛规划范围内保留充足的水域面积，提高人工岛形成土地的亲水、亲海环境，增强人工岛区域的水域景观效果，采用水域景观指数表征人工岛规划用海范围内水域景观营造程度。水域景观指数为人工岛规划用海范围内水域预留面积占人工岛规划范围总面积的比例。计算公式如下：

$$A_w = \frac{S_w}{S_0} \tag{2.5}$$

式中：A_w 为水域景观指数；S_w 为人工岛规划范围内水域预留面积（hm^2）；S_0 为人工岛规划范围总面积（hm^2）。

根据人工岛用海范围内水域景观指数大小，将水域景观指数划分为 5 个等级：当 $A_w \leq 0.05$ 时，为 I 级，说明水域面积预留很少，亲海水域贫乏，标准化赋值为 0.2；当

$0.05 < A_w \leqslant 0.15$ 时，为 Ⅱ 级，说明水域面积预留较少，亲海水域较贫乏，标准化赋值为 0.4；当 $0.15 < A_w \leqslant 0.25$ 时，为 Ⅲ 级，说明水域面积预留充足，亲海水域丰富，标准化赋值为 0.6；当 $0.25 < A_w \leqslant 0.35$ 时，为 Ⅳ 级，说明水域面积预留较充足，亲海水域较丰富，标准化赋值为 0.8；当 $A_w > 0.35$ 时，为 Ⅴ 级，说明水域面积预留很充足，亲海水域很丰富，标准化赋值为 1.0。人工岛水域景观指数标准化赋值见表 2.5。

表 2.5　人工岛水域景观指数划分与标准化

A_w 值	等级	指标意义	标准化值
$A_w \leqslant 0.05$	Ⅰ级	水域面积预留很少，亲海水域贫乏	0.2
$0.05 < A_w \leqslant 0.15$	Ⅱ级	水域面积预留较少，亲海水域较贫乏	0.4
$0.15 < A_w \leqslant 0.25$	Ⅲ级	水域面积预留充足，亲海水域丰富	0.6
$0.25 < A_w \leqslant 0.35$	Ⅳ级	水域面积预留较充足，亲海水域较丰富	0.8
$A_w > 0.35$	Ⅴ级	水域面积预留很充足，亲海水域很丰富	1.0

2.3.1.2　顺岸突堤式围填海平面设计评价指标

（1）围填海空间强度评价指标

为了表示围填海空间规模强度，促进围填海空间聚集程度，减少围填海对原有海岸线的占用和破坏程度，采用围填海强度指数表征一定围填岸段的围填海规模大小。围填海强度指数为单位岸线长度（km）上承载的围填海面积（hm^2），计算公式为：

$$I = \frac{S}{L} \tag{2.6}$$

式中：I 为围填海强度指数；S 为评价区域内围填海总面积（hm^2）；L 为评价区域内围填海占用海岸线长度（km）。

围填海强度指数可以划分为 5 个强度等级：当 $I \leqslant 50$ 时，为 Ⅰ 级，说明围填海强度极低，应加强岸线的节约、集约利用，标准化赋值为 0.2；当 $50 < I \leqslant 100$ 时，为 Ⅱ 级，说明围填海强度较低，应注意岸线的节约、集约利用，标准化赋值为 0.4；当 $100 < I \leqslant 200$ 时，为 Ⅲ 级，说明围填海强度中等，应注意节约、集约海岸线与围填海，标准化赋值为 0.6；当 $200 < I \leqslant 300$ 时，为 Ⅳ 级，说明围填海强度较高，应注意围填海的节约、集约利用，标准化赋值为 0.8；当 $I > 300$ 时，为 Ⅴ 级，说明围填海强度很高，应加强围填海的节约、集约利用，标准化赋值为 1.0。不同围填海强度等级标准化赋值具体见表 2.6。

表 2.6　围填海强度等级划分与标准化

I 值	等级	指标意义	标准化值
$I \leqslant 50$	Ⅰ级	围填海强度极低，应加强岸线的节约、集约利用	0.2
$50 < I \leqslant 100$	Ⅱ级	围填海强度较低，应注意岸线的节约、集约利用	0.4
$100 < I \leqslant 200$	Ⅲ级	围填海强度中等，应注意节约、集约岸线与围填海	0.6
$200 < I \leqslant 300$	Ⅳ级	围填海强度较高，应注意围填海的节约、集约利用	0.8
$I > 300$	Ⅴ级	围填海强度很高，应加强围填海的节约、集约利用	1.0

（2）围填海对海岸线长度改变评价指标

为了表征围填海对海岸线长度的改变程度，促进围填海尽量延伸人工海岸线长度，减少对原有海岸线的占用和破坏，采用围填海岸线冗亏指数表示围填海活动对海岸线长度的改变程度。围填海岸线冗亏指数为围填海新形成人工海岸线总长度与围填海占用原有海岸线长度的比值，计算公式为：

$$R = \frac{L_n}{L_0} \tag{2.7}$$

式中：R 为围填海岸线冗亏指数；L_n 为围填海新形成人工海岸线长度（km）；L_0 为围填海占用原有海岸线长度（km）。

围填海岸线冗亏指数可以划分为 5 个冗亏等级：当 $R \leq 1.0$ 时，为 I 级，说明围填海缩短了海岸线长度，未能有效延伸海岸线长度，标准化赋值为 0.2；当 $1.0 < R \leq 1.2$ 时，为 II 级，说明围填海增加了海岸线长度，但增加海岸线长度很有限，标准化赋值为 0.4；当 $1.2 < R \leq 1.5$ 时，为 III 级，说明围填海岸线冗余度中等，围填海延伸海岸线长度一般，标准化赋值为 0.6；当 $1.5 < R \leq 3.0$ 时，为 IV 级，说明围填海岸线冗余度较高，海岸线得到一定的延伸，标准化赋值为 0.8；当 $R > 3.0$ 时，为 V 级，说明围填海岸线冗余度很高，海岸线得到十分有效的延伸，标准化赋值为 1.0。不同围填海岸线冗亏等级标准化赋值具体见表 2.7。

表 2.7　围填海岸线冗亏等级划分与标准化

R 值	等级	指标意义	标准化值
$R \leq 1.0$	I 级	围填海岸线冗余度很低	0.2
$1.0 < R \leq 1.2$	II 级	围填海岸线冗余度较低	0.4
$1.2 < R \leq 1.5$	III 级	围填海岸线冗余度中等	0.6
$1.5 < R \leq 3.0$	IV 级	围填海岸线冗余度较高	0.8
$R > 3.0$	V 级	围填海岸线冗余度很高	1.0

（3）自然海岸线集约利用程度评价指标

为了保护有限的自然海岸线，充分提高自然海岸线的利用效率，促进围填海减少自然海岸线的占用与破坏，采用自然海岸线集约利用率表征围填海对自然海岸线的利用程度。自然海岸线集约利用率为单位自然海岸线长度（km）承载的围填海面积（hm²），计算公式如下：

$$U_n = \frac{S_0}{L_n} \tag{2.8}$$

式中：U_n 为自然海岸线集约利用率；S_0 为围填海总面积（hm²）；L_n 为围填海占用自然海岸线长度（km）。

根据围填海的自然海岸线集约利用程度，将自然海岸线集约利用率划分为 5 个利用等级：当 $U_n \leq 100$ 时，为 I 级，围填海对自然海岸线利用程度极低，应加强自然海岸线的集约利用，标准化赋值为 0.2；当 $100 < U_n \leq 200$ 时，为 II 级，围填海对自然海岸线

利用程度较低,应注意自然海岸线的集约利用,标准化赋值为 0.4;当 $200 < U_n \leqslant 300$ 时,为 Ⅲ 级,围填海对自然海岸线利用程度中等,自然海岸线集约利用一般,标准化赋值 0.6;当 $300 < U_n \leqslant 400$ 时,为 Ⅳ 级,围填海对自然海岸线集约利用程度较高,标准化赋值为 0.8;当 $U_n > 400$ 时,为 Ⅴ 级,围填海对自然海岸线集约利用程度极高,标准化赋值为 1.0。围填海对自然海岸线集约利用等级标准化赋值具体见表 2.8。

表 2.8　自然海岸线集约利用等级划分与标准化

U_n 值	等级	指标意义	标准化值
$U_n \leqslant 100$	Ⅰ 级	自然海岸线利用程度极低,应加强自然海岸线的集约利用	0.2
$100 < U_n \leqslant 200$	Ⅱ 级	自然海岸线利用程度较低,应注意自然海岸线的集约利用	0.4
$200 < U_n \leqslant 300$	Ⅲ 级	自然海岸线利用程度中等,自然海岸线集约利用程度一般	0.6
$300 < U_n \leqslant 400$	Ⅳ 级	自然海岸线集约利用程度较高	0.8
$U_n > 400$	Ⅴ 级	自然海岸线集约利用程度极高	1.0

（4）围填海的亲海岸线营造程度与评价指标

为了表征围填海对公众亲海、亲水环境的营造程度,增加有效亲海、亲水海岸线长度,促进围填海平面设计满足公众日益增长的亲海、亲水需求,采用亲海岸线指数表征围填海工程对亲海岸线的营造程度。亲海岸线指数为围填海区域新增公众亲海岸线长度与围填海工程形成海岸线总长度的比值。

亲海岸线指数计算公式和方法,参考人工岛式围填海中的亲海岸线指数评价指标,详见公式（2.3）和表 2.3。

（5）临岸区域面积比例与评价指标

为了促进顺岸式围填海向突堤式围填海方向发展,提高围填海形成土地的临岸效果,避免大面积、大片块的顺岸围填海方式对海洋生态环境带来的巨大影响,采用临岸区域指数表征围填海平面设计中邻近海岸线区域面积比例的大小,并且反映围填海宗块面积规模。临岸区域指数为围填海形成海岸线 100 m 范围内的面积与围填海总面积的比例。

临岸区域指数计算公式和方法,参考人工岛式围填海中的临岸区域指数评价指标,详见公式（2.4）和表 2.4。

（6）水域景观营造程度评价指标

为了在围填海规划范围内保留充足的水域面积,提高围填海形成土地的亲水、亲海环境,增强围填海区域的水域景观效果,采用水域景观指数表征围填海范围内水域景观营造程度。水域景观指数为围填海规划范围内水域预留面积占围填海规划范围总面积的比例。

水域景观指数计算公式和方法,参考人工岛式围填海中的水域景观指数评价指标,详见公式（2.5）和表 2.5。

2.3.1.3　区块组团式围填海平面设计评价指标

（1）围填海空间强度评价指标

为了表示区块组团式围填海造地的空间规模强度,促进区块组团式围填海空间聚集程度，减少围填海对原有海岸线的占用和破坏，采用围填海强度指数表征一定围填岸段的围填海规模大小。围填海强度指数为单位岸线长度（km）上承载的围填海面积（hm²），计算公式为：

$$I = \frac{S}{L} \tag{2.9}$$

式中：I 为围填海强度指数；S 为评价区域内围填海总面积（hm²）；L 为评价区域内围填海占用海岸线长度（km）。

围填海强度指数可以划分为 5 个强度等级：当围填海强度指数 $I \leqslant 100$ 时，为Ⅰ级，说明围填海强度极低，应加强岸线的节约、集约利用，标准化赋值为 0.2；当围填海强度指数 $100 < I \leqslant 200$ 时，为Ⅱ级，说明围填海强度较低，应注意岸线的节约、集约利用，标准化赋值为 0.4；当围填海强度指数 $200 < I \leqslant 300$ 时，为Ⅲ级，说明围填海强度中等，注意节约、集约海岸线与围填海，标准化赋值为 0.6；当围填海强度指数 $300 < I \leqslant 500$ 时，为Ⅳ级，说明围填海强度较高，应注意围填海的节约、集约利用，标准化赋值为 0.8；当围填海强度指数 $I > 500$ 时，为Ⅴ级，说明围填海强度很高，应加强围填海的节约、集约利用，标准化赋值为 1.0。不同围填海强度等级标准化赋值具体见表 2.9。

表 2.9　围填海强度等级划分与标准化

I 值	强度等级	指标意义	标准化值
$I \leqslant 100$	Ⅰ级	围填海强度极低，应加强岸线的节约、集约利用	0.2
$100 < I \leqslant 200$	Ⅱ级	围填海强度较低，应注意岸线的节约、集约利用	0.4
$200 < I \leqslant 300$	Ⅲ级	围填海强度中等，注意节约、集约利用海岸线与围填海	0.6
$300 < I \leqslant 500$	Ⅳ级	围填海强度较高，应注意围填海的节约、集约利用	0.8
$I > 500$	Ⅴ级	围填海强度很高，应加强围填海的节约、集约利用	1.0

（2）围填海对海岸线长度改变评价指标

为了表征区块组团式围填海对海岸线长度的改变程度，促进区块组团式围填海尽量延伸人工海岸线长度，减少对原有海岸线的占用和破坏，采用围填海岸线冗亏指数表示围填海活动对海岸线长度的改变程度。围填海岸线冗亏指数为围填海新形成人工海岸线总长度与围填海占用原有海岸线长度的比值。

围填海冗余指数计算公式和方法，参考顺岸突堤式围填海中的围填海冗余指数指标，详见式（2.7）和表 2.7。

（3）围填海的亲海岸线营造程度评价指标

为了表征区块组团式围填海对公众亲海、亲水环境的营造程度，增加有效亲海、亲水海岸线长度，促进围填海平面设计满足公众日益增长的亲海、亲水需求，采用围填海亲海岸线指数表征围填海对亲海岸线的营造程度。围填海亲海岸线指数为围填海区域新增公众亲海岸线长度与围填海形成岸线总长度的比值，其计算公式为：

$$C_z = \frac{L_p}{L_t} \tag{2.10}$$

式中：C_z 为围填海亲海岸线指数；L_p 为围填海区域内新增公众亲海岸线长度；L_t 为围

填海形成岸线总长度。

围填海亲海岸线指数可以划分为 5 个亲海等级：当亲海岸线指数 $C_z \leq 0.1$ 时，为 I 级，说明围填海营造的亲海岸线比例很低，不能满足公众的亲海、看海需求，标准化赋值为 0.2；当亲海岸线指数 $0.1 < C_z \leq 0.2$ 时，为 II 级，说明围填海营造的亲海岸线比例较低，限制公众的亲海、看海需求，标准化赋值为 0.4；当亲海岸线指数 $0.2 < C_z \leq 0.3$ 时，为 III 级，说明围填海营造的亲海岸线比例高，可满足公众的亲海、看海需求，标准化赋值为 0.6；当亲海岸线指数 $0.3 < C_z \leq 0.5$ 时，为 IV 级，说明围填海营造的亲海岸线比例较高，可较大地满足公众的亲海、看海需求，标准化赋值为 0.8；当亲海岸线指数 $C_z > 0.5$ 时，为 V 级，说明围填海营造的亲海岸线比例极高，可最大程度地满足公众的亲海、看海需求，标准化赋值为 1.0。对围填海亲海岸线等级进行标准化赋值处理，具体见表 2.10。

表 2.10   围填海亲海岸线等级划分与标准化

C_z 值	等级	指标意义	标准化值
$C_z \leq 0.1$	I 级	亲海岸线比例低	0.2
$0.1 < C_z \leq 0.2$	II 级	亲海岸线比例较低	0.4
$0.2 < C_z \leq 0.3$	III 级	亲海岸线比例高	0.6
$0.3 < C_z \leq 0.5$	IV 级	亲海岸线比例较高	0.8
$C_z > 0.5$	V 级	亲海岸线比例极高	1.0

（4）自然海岸线集约利用程度评价指标

为了保护有限的自然海岸线，充分提高自然海岸线的利用效率，促进围填海减少自然海岸线的占用与破坏，采用自然海岸线集约利用率来表征围填海对自然海岸线的利用程度。自然海岸线集约利用率为单位围填海面积（hm^2）占用的自然海岸线长度（km），计算公式如下：

$$U_n = \frac{S_0}{L_n} \tag{2.11}$$

式中：U_n 为自然海岸线集约利用率；S_0 为围填海总面积（hm^2）；L_n 为围填海占用自然海岸线长度（km）。

根据围填海的自然海岸线集约利用程度，将自然海岸线集约利用率划分为 5 个利用等级：当围填海自然海岸线集约利用率 $U_n \leq 200$ 时，为 I 级，围填海对自然海岸线利用程度极低，应加强自然海岸线的集约利用，标准化赋值为 0.2；当围填海自然海岸线集约利用率 $200 < U_n \leq 300$ 时，为 II 级，围填海对自然海岸线利用程度较低，应注意自然海岸线的集约利用，标准化赋值为 0.4；当围填海自然海岸线集约利用率 $300 < U_n \leq 400$ 时，为 III 级，围填海对自然海岸线利用程度中等，自然海岸线集约利用一般，标准化赋值为 0.6；当围填海自然海岸线集约利用率 $400 < U_n \leq 500$ 时，为 IV 级，围填海对自然海岸线集约利用程度较高，标准化赋值为 0.8；当围填海自然海岸线集约利用率 $U_n > 500$ 时，为 V 级，围填海对自然海岸线集约利用程度极高，标准化赋值为 1.0。围填海对自然海岸线集约利用等级标准化赋值见表2.11。

表 2.11   自然海岸线集约利用等级划分与标准化

U_n 值	等级	指标意义	标准化值
$U_n \leqslant 200$	Ⅰ级	自然海岸线利用程度极低	0.2
$200 < U_n \leqslant 300$	Ⅱ级	自然海岸线利用程度较低	0.4
$300 < U_n \leqslant 400$	Ⅲ级	自然海岸线利用程度中等	0.6
$400 < U_n \leqslant 500$	Ⅳ级	自然海岸线利用程度较高	0.8
$U_n > 500$	Ⅴ级	自然海岸线利用程度极高	1.0

（5）水域景观营造程度评价指标

为了在围填海规划范围内保留充足的水域面积，提高围填海形成土地的亲水、亲海环境，增强围填海区域的水域景观效果，采用水域景观指数表征围填海范围内水域景观营造程度。水域景观指数为围填海规划范围内水域预留面积占围填海规划范围总面积的比例。计算公式如下：

$$A_w = \frac{S_w}{S_0} \tag{2.12}$$

式中：A_w 为水域景观指数；S_w 为围填海范围内水域预留面积（hm^2）；S_0 为围填海总面积（hm^2）。

水域景观指数可以划分为5个等级：当水域景观指数 $A_w \leqslant 0.1$ 时，为Ⅰ级，说明水域面积预留很少，亲海水域贫乏，标准化赋值为0.2；当水域景观指数 $0.1 < A_w \leqslant 0.2$ 时，为Ⅱ级，说明水域面积预留较少，亲海水域较贫乏，标准化赋值为0.4；当水域景观指数 $0.2 < A_w \leqslant 0.3$ 时，为Ⅲ级，说明水域面积预留充足，亲海水域丰富，标准化赋值为0.6；当水域景观指数 $0.3 < A_w \leqslant 0.5$ 时，为Ⅳ级，说明水域面积预留较充足，亲海水域较丰富，标准化赋值为0.8；当水域景观指数 $A_w > 0.5$ 时，为Ⅴ级，说明水域面积预留很充足，亲海水域很丰富，标准化赋值为1.0。针对不同等级进行标准化赋值处理，具体见表2.12。

表 2.12   水域景观指数等级划分与标准化

A_w 值	等级	指标意义	标准化值
$A_w \leqslant 0.1$	Ⅰ级	水域面积预留很少，亲海水域贫乏	0.2
$0.1 < A_w \leqslant 0.2$	Ⅱ级	水域面积预留较少，亲海水域较贫乏	0.4
$0.2 < A_w \leqslant 0.3$	Ⅲ级	水域面积预留充足，亲海水域丰富	0.6
$0.3 < A_w \leqslant 0.5$	Ⅳ级	水域面积预留较充足，亲海水域较丰富	0.8
$A_w > 0.5$	Ⅴ级	水域面积预留很充足，亲海水域很丰富	1.0

（6）海洋过程畅通度评价指标

为了尽量减少围填海对海洋水动力过程和海洋生物洄游路径的阻滞，改善海洋水体交换过程，增加亲海岸线，促进围填海平面设计向离岸式、岛群式发展，采用海洋过程廊道指数表征围填海平面设计对海洋环境过程的考量程度。海洋过程廊道指数为围填海预留的所有潮汐通道最窄处的宽度累加（m）。计算方法如下：

$$H_w = \sum_{i=1}^{n} W_{si} \qquad (2.13)$$

式中：H_w 为廊道指数；W_{si} 为围填海预留的第 i 条潮汐通道最窄处宽度（m）。

廊道指数可以划分为 5 个等级，针对不同等级进行标准化赋值处理，具体见表 2.13。

表 2.13　海洋过程廊道指数等级划分与标准化

H_w 值	等级	指标意义	标准化值
$H_w \leqslant 200$	I 级	廊道较窄	0.2
$200 < H_w \leqslant 500$	II 级	廊道窄	0.4
$500 < H_w \leqslant 1\,000$	III 级	廊道宽	0.6
$1\,000 < H_w \leqslant 2\,000$	IV 级	廊道较宽	0.8
$H_w > 2\,000$	V 级	廊道极宽	1.0

（7）临岸区域面积比例评价指标

为了促进围填海向突堤式、岛群化、组团式方向发展，提高围填海形成土地的临岸效果，避免大面积、大片块的围填海方式对海洋生态环境带来的巨大影响，采用临岸区域指数表征围填海平面设计中邻近海岸线区域面积比例的大小。临岸区域指数为围填海形成海岸线 100 m 范围内的面积与围填海总面积的比例。计算方法如下：

$$A_c = \frac{S_{100}}{S_0} \qquad (2.14)$$

式中：A_c 为临岸区域指数；S_{100} 为围填海形成海岸线 100 m 范围内的围填面积（hm^2）；S_0 为围填海总面积（hm^2）。

临岸区域指数可以划分为 5 个等级，针对不同等级进行标准化赋值处理，具体见表 2.14。

表 2.14　临岸区域指数等级划分与标准化

A_c 值	等级	指标意义	标准化值
$A_c \leqslant 0.1$	I 级	临岸区域比例很低	0.2
$0.1 < A_c \leqslant 0.2$	II 级	临岸区域比例较低	0.4
$0.2 < A_c \leqslant 0.3$	III 级	临岸区域比例低	0.6
$0.3 < A_c \leqslant 0.5$	IV 级	临岸区域较丰富	0.8
$A_c > 0.5$	V 级	临岸区域极丰富	1.0

（8）人工岛面积比例评价指标

为了促进围填海平面设计向组团离岸式发展，减少人工岛围填海对海岸生态环境的影响，评价离岸式人工岛面积占区域围填海面积的比例，采用人工岛指数表征人工岛占区域围填海总面积的比例，人工岛指数为人工岛面积与区域围填海总面积的比例。人工岛指数计算公式如下：

$$A_i = \frac{S_i}{S_0} \tag{2.15}$$

式中：A_i 为人工岛指数；S_i 为人工岛面积（hm^2）；S_0 为围填海总面积（hm^2）。

人工岛指数可以划分为 5 个等级，针对不同等级进行标准化赋值处理，具体见表 2.15。

表 2.15 人工岛指数等级划分与标准化

A_i 值	等级	指标意义	标准化值
$A_i \leq 0.2$	Ⅰ级	人工岛面积比例极小	0.2
$0.2 < A_i \leq 0.4$	Ⅱ级	人工岛面积比例较小	0.4
$0.4 < A_i \leq 0.6$	Ⅲ级	人工岛面积比例一般	0.6
$0.6 < A_i \leq 0.8$	Ⅳ级	人工岛面积比例较大	0.8
$A_i > 0.8$	Ⅴ级	人工岛面积比例很大	1.0

（9）人工岛空间形状评价指标

为了促进人工岛平面设计尽可能延伸岸线长度，营造更多的近海亲水海岸环境，提高人工岛围填形成土地的开发利用价值，保护海洋生态环境，采用人工岛形状指数表征人工岛平面设计的空间复杂程度，人工岛形状指数为人工岛围填海面积与周长的比例。

人工岛形状指数计算公式和方法，参考人工岛式围填海中的人工岛空间形状评价指标，详见式（2.1）和表 2.1。

2.3.2 围填海平面设计评价模型

2.3.2.1 人工岛式围填海平面设计评价模型

采用人工岛式的围填海造地，既可以最大限度地延长新形成土地的人工岸线，又可以不占用和破坏自然岸线。通过桥梁和隧道的方式连接人工岛与陆地，可以获得与延伸式围填海造地同样便利的交通条件。在海域条件适合的地区，采用人工岛式围填海造地应作为首选方式。人工岛式围填海平面设计评估主要从人工岛距离大陆岸线远近、人工岛平面形状、人工岛临岸面积比例、亲海岸线营造、水域景观营造等方面开展，主要评估指标包括人工岛离岸指数、人工岛形状指数、人工岛临岸区域指数、亲海岸线指数和水域景观指数，各指标的计算方法见 2.3.1.1 节。人工岛式围填海平面设计评估方法如下。

$$M_a = \sum_{i=1}^{5} W_i \cdot F_i \qquad (2.16)$$

式中：M_a 为人工岛式围填海平面设计评估指数；W_i 为第 i 个指标的权重；F_i 为第 i 个指标的标准化值。

根据以上 5 个评估指标的重要性程度，咨询相关专家，确定 5 个评估指标的权重见表 2.16。

表 2.16　人工岛式围填海平面设计评估指标权重

评价指标	人工岛离岸指数	人工岛形状指数	亲海岸线指数	临岸区域指数	水域景观指数
权重	0.196	0.218	0.189	0.213	0.184

2.3.2.2　顺岸突堤式围填海平面设计评价模型

对于因工程建设需要，必须利用岸线向海延伸的顺岸围填海造地工程，要推广多突堤式围填海工程平面设计。这种平面设计的围填海工程，既可以最大限度地节约使用原有岸线，也可以最大限度地延长新形成土地的人工岸线。顺岸突堤式围填海平面设计评估主要从围填海强度、海岸线长度改变、自然海岸线集约利用、临岸区域比例和水域景观营造等方面展开，主要评估指标包括围填海强度指数、海岸线冗亏指数、自然海岸线集约利用率、临岸区域指数、水域景观指数、亲海岸线指数，各指标计算方法详见2.3.1.2 节。多突堤式围填海平面设计评估方法如下：

$$M_b = \sum_{i=1}^{6} W_i \cdot F_i \qquad (2.17)$$

式中：M_b 为顺岸突堤式围填海平面设计评估指数；W_i 为第 i 个指标的权重；F_i 为第 i 个指标的标准化值。

根据以上 6 个评估指标的重要性程度，咨询相关专家，确定 6 个评估指标的权重见表 2.17。

表 2.17　顺岸突堤式围填海平面设计评估指标权重

评价指标	围填海强度指数	海岸线冗亏指数	自然海岸线集约利用率	临岸区域指数	水域景观指数	亲海岸线指数
权重	0.198	0.189	0.161	0.153	0.129	0.170

2.3.2.3　区块组团式围填海平面设计评价模型

对于面积较大、用途多样性的围填海造地项目，可采取区块组团式围填海造地方式，即：根据用途需要，必须利用岸线的部分，采取顺岸突堤式围填海方式；可以不利用岸线的部分，采取人工岛式的围填海方式。将顺岸突堤式围填海和人工岛式围填海合理组合，可以实现上述两种围填海方式的优势互补。区块组团式围填海平面设计评估要兼顾人工岛式围填海平面设计评估和顺岸突堤式围填海平面设计评估，主要从围填海强度、海岸线长度改变程度、自然海岸线集约利用程度、亲海岸线营造程度、临岸区域面积比例、人工岛平面形状、海洋过程通道预留、水域景观营造等方面展开，主要评估指标包括围填海强度指数、海岸线冗亏度指数、自然海岸线集约利用率、亲海岸线指数、临岸区域指数、海洋过程廊道指数、人工岛指数、人工岛平面形状指数、水域景观指数等，各指标计算见2.3.1.3节。区块组团式围填海为目前单个集约用海项目最常见的平面设计形式。区块组团式围填海平面设计评估方法如下：

$$M_c = \sum_{i=1}^{9} W_i \cdot F_i \qquad (2.18)$$

式中：M_c 为区块组团式围填海平面设计评估指数；W_i 为第 i 个指标的权重；F_i 为第 i 个指标的标准化值。

根据以上9个评估指标的重要性程度，咨询相关专家，确定9个评估指标的权重见表2.18。

表 2.18　区块组团式围填海平面设计综合评估指标权重

序号	评价类型	评估指标	权重
1	围填海空间强度评价	围填海强度指数	0.138
2	围填海对岸线长度改变评价	海岸线冗亏指数	0.141
3	围填海的亲海岸线营造程度评价	亲海岸线指数	0.089
4	自然海岸线集约利用程度评价	自然海岸线集约利用率	0.124
5	水域景观营造程度评价	水域景观指数	0.092
6	海洋过程畅通度评价	海洋过程廊道指数	0.079
7	临岸区域面积比例评价	临岸区域指数	0.113
8	人工岛面积比例评价	人工岛指数	0.116
9	人工岛空间形状评价	人工岛形状指数	0.108

2.3.2.4　围填海平面设计评价结果等级划分

为了对围填海平面设计优劣程度开展综合判断，可根据综合评价指数数值的大小进行围填海平面设计优劣程度的等级划分。当围填海平面设计综合评价指数 $M >$ 0.8 时，其平面设计等级为最高级Ⅴ级，综合评语为优秀；当围填海平面设计综合评价指数 $0.6 < M \leq 0.8$ 时，其平面设计等级为Ⅳ级，综合评语为优良；当围填海平面设计综合评价指数 $0.4 < M \leq 0.6$ 时，其平面设计等级为Ⅲ级，综合评语为良好；当围填海平面设计综合评价指数 $0.2 < M \leq 0.4$ 时，其平面设计等级为Ⅱ级，综合评语为一般；当围填海平面设计综合评价指数 $M \leq 0.2$ 时，其平面设计等级为Ⅰ级，综合评语为欠缺。围填海平面设计综合评价等级划分具体见表2.19。

表 2.19　围填海平面设计综合评价等级划分

M 值	等级	评语	备注
$M > 0.8$	Ⅴ	优秀	完全按照围填海平面设计实施
$0.6 < M \leqslant 0.8$	Ⅳ	优良	严格按照围填海平面设计实施
$0.4 < M \leqslant 0.6$	Ⅲ	良好	围填海平面设计个别指标需要调整
$M < 0.2 \leqslant 0.4$	Ⅱ	一般	围填海平面设计部分指标需要调整
$M \leqslant 0.2$	Ⅰ	欠缺	需要全面调整围填海平面设计

对于围填海平面设计综合评价在Ⅲ级以上的规划，要按照围填海平面设计方案实施；对于围填海平面设计综合评价为Ⅱ级、评语为一般的规划，规划实施过程中需要注意改进平面设计；对于围填海平面设计综合评价为Ⅰ级、评语为欠缺的规划，需要调整围填海平面设计，方可通过审批。

2.4　单个集约用海项目优化评估指标体系应用情况

2.4.1　龙口湾临港高端制造业聚集区一期（龙口部分）平面设计评价

2.4.1.1　平面设计

本用海规划区域采用人工岛式填海造地，与龙口港南北相呼应，形成 6 个独立人工岛和 1 个突堤式半岛，共形成围填海面积约 3 523.12 hm²。

1）功能结构

本规划整体布局呈现"一轴双心、产业环绕、五桥内联、港口外延"的空间结构。功能结构见图 2.1。

（1）一轴双心

"一轴"是指位于规划区中央、平行于现状岸线的水道，是整个规划区布局的中心轴线。沿水道两侧是综合服务设施用地，自北向南分别形成两个圆形的构图中心，简称"双心"。

北侧的圆环为行政管理、商务办公中心和商业金融中心，提供行政管理与商务金融的办公空间，中央的圆形小岛以绿地为主要土地利用性质，可以开发成为休闲观光的活动区域，丰富规划区的综合职能；南侧的圆环为生活服务中心，为规划区的就业人员提供生活空间。结合生活服务中心，在水道南北两侧规划了以商业服务为主的公共服务设施，为工业生产提供综合的配套服务，包括商业金融、医疗保健和居住等功能。

（2）产业环绕

规划区根据龙口市经济发展特点和投资意向规划了产业用地，分布于水道中心轴线两侧、综合服务区的外围，形成现代海洋装备制造、高端金属材料加工、新能源新材料和汽车改装及零部件制造四大组团。

（3）五桥内联

"五桥"是指规划区和陆地连接的五座跨海大桥，是产业区和陆地综合服务区联系

19

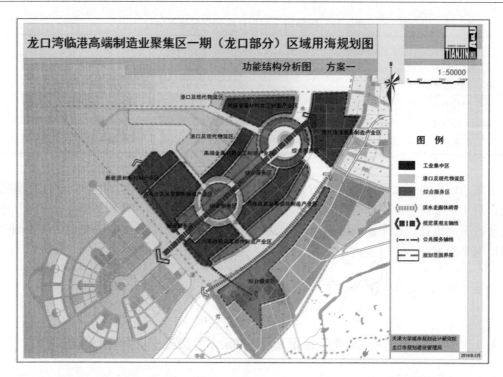

图 2.1　龙口湾临港高端制造业聚集区一期（龙口部分）规划功能结构

的纽带。

（4）港口外延

将港口与物流用地布局于规划区的西部，港口用地向大海延伸，充分考虑各个季节风向对航运的影响，便于船舶停靠和港口的建设。配套建设仓储物流用地，充分发挥岸线的优势。

西北部的港口物流功能片区，占地约 6.4 km²，结合临海区位和临近龙口港主航道的优势，设置港口和现代物流业区，为港区原料进出和产品流通提供便捷快速的服务。

2）功能分区

规划区整体划分为工业集中区、港口及现代物流区、综合服务区三大片区，其中工业集中区包括现代海洋装备制造产业区、高端金属材料加工制造产业区、汽车改装及零部件制造产业区以及新能源和新材料产业区，各功能分区面积分别为 368 hm²、363 hm²、785 hm² 和 169 hm²。港口及现代物流区和综合服务区面积分别为 639 hm² 和 666 hm²。

（1）工业集中区

以临港高端制造业为重点，按照建设四大基地的要求，科学确立集中区主导产业及发展方向，走"主业突出、结构优化、产业集约"的高端化、特色化发展之路。

①现代海洋装备制造产业区

把握国家大力振兴装备制造业的契机，瞄准国际装备产业发展趋势，发挥龙口湾岸线资源和区位优势，现代海洋装备制造产业主要包括海洋工程装备（海上平台）、运输

20

船舶和船舶部件的制造与修理。

在规划区东北部规划现代海洋装备制造产业组团，采用突堤式填海造地方式，从出海口处向西向南拓展陆地领域，形成一个占地 3.7 km² 的产业组团，北部岸线可以停泊船舶，适宜布置修造船企业，南侧用地可以安置船舶配件生产企业，组团南部布置高端游艇制造项目，最大限度地发挥产业区岸线资源优势。

②高端金属材料加工制造产业区

重点发展高强度工业铝型材、新型轻合金材料、高精度铝板带箔等产品，探索为航空、航天和核电产业配套服务产品。适度发展其他有色金属材料及合金产品，有选择地探讨发展钢铁工业的方向和途径，积极发展高科技含量和高附加值的船舶、轿车、电力等关键金属部件，这些产业特点不同，对生产空间和交通运输条件的需求不尽相同，因此在具体实施中可以将这一类别的产业分解为多个组团。

③汽车改装及零部件制造产业区

发挥龙口市作为山东省唯一的国家级"汽车零部件生产基地市"的优势，突出系统化、模块化、集成化发展方向，整合现有产业资源，抓紧培育具有国际竞争力的关键零部件产业，形成较为完备的零部件配套体系。龙口市的汽车零部件生产已经达到相当规模，产业主要包括汽车的整车组装和零部件生产。

由于汽车及零部件产业区用地较大，企业类型多样，规划将汽车及零部件产业区分布于三座人工岛上，邻近陆地的区位优势利于产品的流通，同时又可以借助港口优势，多渠道实现产品和原材料的流通。在汽车及零部件产业区东南部、靠近综合配套区布置汽车整车产业组团，尽可能地减少对居住的影响，使居住既能够临近产业，同时居住环境又不会受到破坏。

④新能源和新材料产业区

依托龙口沿海丰富的油页岩和煤炭资源，重点培植以油页岩综合利用为主导的循环经济产业，加快发展燃料乙醇产业。

在规划区的西南部规划燃料乙醇、改性沥青和改性塑料组团，在新能源和新材料组团的北部一角，布置用地较少的油页岩综合利用项目，充分利用龙口海域贮藏量丰富的油页岩资源进行开采和深层次加工，其中的电厂发电则满足本区域部分用电需求，临近岸线的区位优势能极大地满足这个小型电厂对生产用水的需求。

（2）港口及现代物流区

结合龙口港区物流业发展的基础与比较优势，大力发展与临港制造业相适应的第三方物流企业，提升为制造业服务的能力和水平。围绕区域重点产业的发展要求，积极拓展物流网络，搭建高效物流平台，逐步形成一批独具特色的物流中心、配送中心，形成服务于临港高端制造业聚集区开发建设，以生产型服务业态为主导的大型现代物流产业基地。

（3）综合服务区

综合生活服务区，主要位于水道轴线的两侧地段。服务区内主要布置办公、商业、医疗卫生等设施和住宅建筑，与对岸陆地上的综合服务区相呼应。

该服务区主要功能是按照高端制造业发展的要求，围绕聚集区各产业生产、流通、消费等全过程经济活动，强化社会化服务体系建设，重点构建以行政、贸易服务、商业、医疗救助、技术培训、金融服务为主体的现代服务业集聚中心，增强对聚集区产业发展和人才集聚的服务功能。同时，在各产业区内逐步构建职业培训、质量检测、研发设计等服务平台，不断提高产业区的服务配套能力。

3）岸线规划

规划用海区共形成人工岸线 57.8 km，分述如下。

港口物流岸线：西部港口物流岸线为 10.6 km，北部港口岸线为 4.3 km，分布于 2号、3 号人工岛；

海洋装备制造业岸线：岸线长度 3.7 km，分布于 4 号人工岛；

汽车改装及零部件制造岸线：岸线长度 6.9 km，分布于 1 号、5 号、6 号人工岛；

新能源与新材料制造业岸线：岸线长度 3.9 km，分布于 1 号人工岛；

高端金属加工制造业岸线：岸线长度 2.5 km，分布于 2 号、3 号人工岛；

公共服务和生活居住岸线：岸线长度 25.9 km，分布于 1～7 号人工岛。

从景观生态角度上，规划沿中部、南部水道方向打造视觉景观主轴线，人工岛间水道宽度约 500 m，沿岸区域打造滨水走廊休闲带，同时采取增加绿化等各种手段，引入公共绿地和生产防护绿地的概念，绿化占地 345.99 hm²。

上述规划已于 2010 年 5 月 5 日经过国家海洋局批复，此前龙口市对规划进行了调整论证，变为 16 个人工岛，见图 2.2。

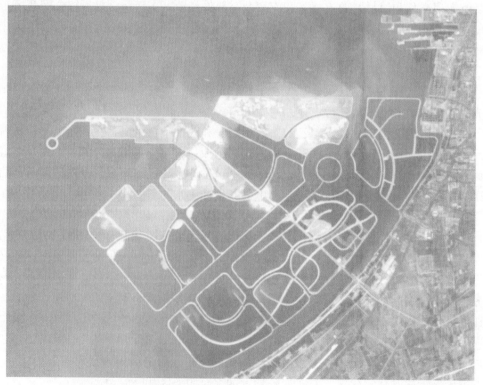

图 2.2　龙口湾临港高端制造业聚集区一期（龙口部分）规划现状（2013 年 11 月影像）

2.4.1.2　平面设计综合评价

利用 2.3.1.1 节研究建立的围填海平面设计评价指标体系对龙口湾临港高端制造业聚集区一期（龙口部分）规划平面设计进行综合评价。

（1）人工岛离岸远近评价

规划距离大陆海岸线 500 m，人工岛离岸指数 500，处于人工岛离岸指数 $200 < L \leqslant 500$ 范围内，属于 Ⅱ 级，人工岛距离海岸较近，标准化赋值为 0.4。

（2）人工岛平面形状评价

规划围填海造地 3 523.12 hm²，人工岛形成人工海岸线长度 57.80 km，人工岛形状指数为 2.43，处于人工岛形状指数 $LSI > 2.0$ 范围内，属于 Ⅴ 级，人工岛平面设计极复杂，岸线延伸很大，标准化赋值为 1.0。

（3）亲海岸线营造评价

规划形成人工海岸线 57.80 km，其中公众亲海旅游、休闲观光岸线 25.90 km，亲海岸线指数为 0.45，处于亲海岸线指数 $0.3 < C_z \leqslant 0.5$ 之间，属于 Ⅳ 级，人工岛建设亲海岸线较长，亲海岸线比例较高，标准化赋值为 0.8。

（4）临岸区域比例评价

规划围填海总面积为 3 523.12 hm²，人工岛形成人工海岸线长度 57.80 km，人工岛海岸线 100 m 范围内临岸区域面积为 662.22 hm²，人工岛的临岸区域指数为 0.19，处于临岸区域指数 $0.1 < A_c \leqslant 0.2$ 范围内，属于 Ⅱ 级，标准化赋值为 0.4。

（5）水域景观营造评价

规划用海面积约 4 428.71 hm²，其中填海面积 3 523.12 hm²，水域面积约 905.59 hm²，水域景观指数为 0.20，处于水域景观指数 $0.15 < A_w \leqslant 0.25$ 范围内，属于 Ⅲ 级，水域景观营造充足，水域景观丰富，标准化赋值为 0.6。

（6）综合评价

根据第 2.3.1.1 节和 2.3.2.1 节建立的人工岛围填海平面设计综合评价模型对龙口湾临港高端制造业聚集区一期（龙口部分）规划的平面设计进行综合评价（表 2.20）。

表 2.20　龙口湾临港高端制造业聚集区一期（龙口部分）规划的平面设计综合评价

M 值	评价值	标准赋值	权重	等级
人工岛离岸指数	500	0.4	0.196	Ⅱ
人工岛平面形状指数	2.43	1.0	0.218	Ⅴ
亲海岸线指数	0.45	0.8	0.189	Ⅳ
临岸区域指数	0.19	0.4	0.213	Ⅱ
水域景观指数	0.20	0.6	0.184	Ⅳ
综合评价	0.643			Ⅳ

从表 2.20 可以看出，本规划平面设计综合评价

$$M = \sum_{i=1}^{5} W_i \cdot F_i = 0.4 \times 0.196 + 1.0 \times 0.218 + 0.8 \times 0.189 + 0.4 \times 0.213 + 0.6 \times$$

0.184 = 0.643，属于表 2.19 中围填海平面设计综合评价等级划分的 Ⅳ级，平面设计综合评语为优良，可按照原设计施工。

2.4.2　长兴岛临港工业区区域建设用海一期规划平面设计评价

长兴岛临港工业区区域建设用海一期规划范围包括长兴岛西部和葫芦山湾海域，北起高脑山，向南至马家嘴子，经葫芦山湾向东直至小坨子，南界为西中岛的松树嘴。一期规划用海总面积为 6 649.10 hm²，其中围填海造地面积 3 391.82 hm²，预留水域面积 3 257.28 hm²；占用海岸线总长度 30.60 km，包括自然岸线 11.5 km；形成人工海岸线 45.65 km。长兴岛临港工业区区域建设用海一期规划平面设计见图 2.3。

2.4.2.1　平面设计

规划用海空间布局的基本原则是充分集约利用葫芦山湾北岸与长兴岛西北部深水岸线资源，保障港口功能分区明确，泊位数量充足；船舶工业用海空间布局的基本原则是以现有葫芦山湾内湾两侧滩涂围海区吹填形成陆域，挖泥吹填的同时疏浚拓深内湾水道，形成各船舶工业园的公用航道，在各船舶项目区前缘设置船坞、船台与专用码头。建设用海方式主要是填海用海，附属包括构筑物用海、开放式水域用海。港口区与船舶工业园区填海均体现曲折岸线设计，增加可利用岸线长度的设计思路，最大限度地减少占用自然岸线。

1）岸段功能类型

规划区域建设用海岸段功能类型主要有以下两类。

（1）港口岸段：长兴岛西北侧拥有较多数量的深水岸线资源，但冬季直接受到北风和北向波浪的强烈侵袭，西嘴子（高脑山）以东岸段近岸冰况比较严重；葫芦山湾水深湾阔，不淤不冻，北向受到长兴岛丘陵的天然掩护，葫芦山嘴以西的岸线适于港口开发，是整个辽宁沿海现存最为优良的深水港湾，具有很高的港口开发价值，因此，自高脑山向南经马家嘴子至葫芦山嘴的岸段以及西中岛北岸的宋家岗—松树嘴岸段属于港口岸段。

（2）建设岸段：葫芦山嘴以东潮沟两侧水浅（一般在 3 m 以内），水域较窄，由于历史原因，沿岸多被围填用于养殖和盐田，适于吹填后用于建设用地。根据长兴岛开发总体规划，主要用于建设大型船坞、船台、舾装码头设施和建设临港工业企业所需的特殊或专用设施集装箱港区以及散杂货中转运输功能等，因此，该部分岸段可归为建设岸段。

2）建设用海平面布局

石化港区：长兴岛西面的高脑山—马家嘴岸段；

长兴岛公用港区用海：葫芦山湾北侧的五沟西嘴—葫芦山嘴岸段；

韩国 STX 项目用海：紧临长兴岛港区的葫芦山嘴以东—蚊子嘴岸段（已批准建设）；

中集项目用海和大连万阳重工重型石化反应器项目：STX 项目东侧蚊子嘴—桑家甸子岸段；

新加坡万邦项目用海：桑家甸子—亮子岸段（已批准建设）；

大连长兴岛临港工业区区域建设用海规划（一期）——区域建设用海布局

用海规划	规划填海面积(hm²)	占用岸线(km)	规划水域(hm²)
公共港区	867.48	6.32	625.66
石化港区	836.77	9.96	1833.40
中集项目	275.46	3.60	107.08
大连万阴项目	26.93	0.53	42.38
大连造船修造船项目	311.27	5.02	245.73
船舶配套产业园区	351.11	0.00	219.27
国际综合物流园区	722.80	5.17	183.76
合计	3391.82	30.60	3257.28

图2.3　长兴岛临港工业区区域建设用海一期规划平面设计

国家海洋环境监测中心

大连造船厂修造船项目用海：大连岛附近岸段；

韩国船舶配套产业园区及规划的国际物流园区：葫芦山湾南侧西中岛、家岛北部吹填区。

3）规划布局

规划区域建设用海以临港工业服务功能为主，包括港口区、船舶工业区和西中岛北部船舶配套及物流功能区。

长兴岛港区近期以临港工业功能、装卸储运功能和工业物流功能为主，远期逐步具备大规模的中转运输、运输组织、现代综合物流、商贸、信息、综合服务等功能。根据港口岸线的基本条件和未来需求，规划整个港区以长兴岛的葫芦山湾东部起，向北延伸至长兴岛北侧岸线，岸线长度为 18.72 km，规划建设 65 个泊位，总通过能力 1.81×10^8 t，修建防波堤长度 4 331 m。

船舶工业区主要建设大型船坞、船台、舾装码头设施等，拟建国内规模最大的修造船厂，使用岸线长度为 16.65 km（人工岸线），自葫芦山嘴向东依次为 STX 项目用海（已批准）、中集项目用海、大连万阳重工重型石化反应器项目、万邦项目用海（已批准）和大连造船厂修造船项目。

西中岛北部船舶配套和物流园区总规划面积 10.74 km^2，使用岸线 5.17 km，均为人工岸线。包括韩国船舶配套产业园区以及与集装箱港区（规划在葫芦山湾南岸建设）相配套的国际综合物流园区。

（1）港口建设用海规划

长兴岛岛屿面积较大，土地和岸线资源容量大，基础设施和生活设施等依托条件在三岛中相对较好。根据长兴岛开发总体规划，临港工业区主要集中在长兴岛西部和南部，开发方向以造船、出口加工、现代装备制造、冶金、建材等产业为主。根据长兴岛港区总体规划（图 2.4），整个港区以长兴岛与西中岛之间的葫芦山湾为中心，向北延伸至长兴岛北侧岸线（复州湾南侧岸线）、向南延伸西中岛与凤鸣岛之间的董家口湾，近期的主要港口功能区集中在葫芦山湾及其向葫芦山嘴以东延伸的水域和长兴岛北部马家嘴—高脑山—小礁段临港工业深水港口岸线，董家口湾作为远景预留大型商业港区。根据长兴岛近期开发需要，港口建设用海在 2010 年前主要包括以下港区。

①石化港区（大型深水码头）

位于长兴岛北侧高脑山（小礁）—马家嘴岸线，为石化工业港口岸线，该段岸线多数不易形成掩护条件而适合于建设大型开敞式码头。占用岸线长度为约 10 km，规划建设 20 个泊位，用于建设大型原油码头和矿石码头等。

石化港区分别在港区东、西各建设一道防波堤，形成单口门的环抱式港池，口门朝向西北，宽度 657 m，其中东防波堤起自鸡冠山附近，与自然岸线夹角约 60°；西防波堤（窄突堤）起自马家嘴尖岬，利用马家浅滩的高脊建设，呈西南—东北走向。在西防波堤外侧的深水海域布置 2~3 座 30 万吨级左右的大型原油码头，通过栈桥和西防波堤接岸。根据功能的不同，石化港区总体分东、西两大部分，东部面向口门形成顺岸码头，岸线长度 1 066 m，可供建设 2 座 10 万吨级 LNG 码头及相应的陆域配套设施；西部为一长约 1 480 m、宽约 840 m 的矩形港池，沿港池周边布置 5 万吨级以下成品油及

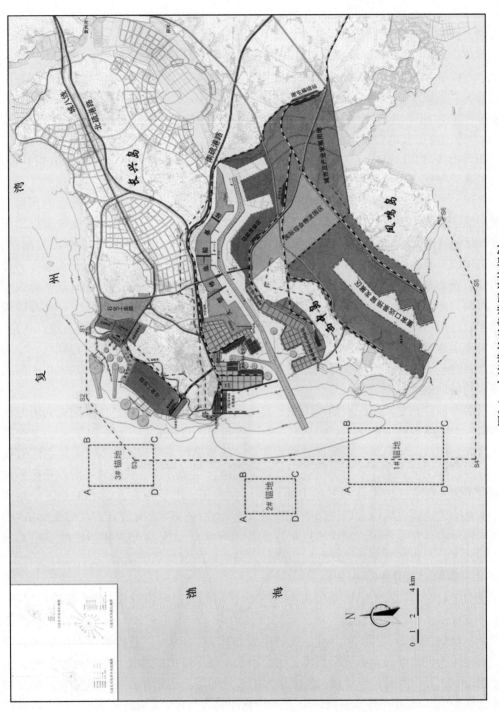

图2.4 大连港长兴岛港区总体规划

液体化工品码头，原油及成品油通过管道输送至后方罐区。石化港区公路、铁路集疏运要求较低，暂不考虑接入铁路，沿港区外围按1级以下道路标准建设公路，经工业区外围道路系统接入长兴岛集疏运公路干线。

②公共港区（通用及散杂货码头作业区）

葫芦山湾口北岸10 m等深线以外淤泥和淤泥质的极软弱土层底板一般深达－25 m以下，不但陆域填筑成本很高，而且防波堤建设技术难度很大。根据地质条件，确定防波堤轴线大致位于长兴岛二道沟至西中岛松树嘴之间的连线附近。为了分阶段实施过程中能够尽量为葫芦山湾北侧港区提供更好的掩护条件，采用单口门方案，口门宽度800 m，进出湾主航道为双向航道，宽度500 m。

葫芦山湾口北岸自西向东依次布置了通用及散杂货码头作业区、大型修造船基地、预留工业港岸线三个主要功能区。

通用及散杂货码头作业区规划岸线长6.3 km，用于建设5万～10万吨级的多用途或通用散杂货码头28座，主要为临港工业区的原材料、产品、设备及其他物资进出服务，为充分利用资源，码头经营以公共运输服务方式为主。集中布置在葫芦山湾南岸、葫芦山嘴以外至南防波堤之间，分为东、西两区。西区岸段自二道沟至八岔沟船厂，拟利用开山土和疏浚泥土向海填筑至湾的中心区域，形成单侧作业的不规则宽突堤式布局，西侧为防浪护岸，码头岸线呈折线状布置在东侧，可供建设13座5万～10万吨级多用途或通用散杂货码头；作业区的西北部区域规划为大片的仓储、物流用地，铁路、公路集疏运通道沿后方进入港区，并依托近距离的公路运输与临港工业区相联系，作业区内部路网基本为矩形网格状布局；在突堤根部、八岔沟船厂防波堤以外约300 m岸线及相应的场地供支持系统及其工作船靠泊使用。

东区岸段自八岔沟船厂至葫芦山嘴，自北向南顺岸布置，在葫芦山嘴附近向海侧填筑形成一个宽度800 m的突堤，总体呈"L"形布局，可供建设15座2万～10万吨级多用途或通用散杂货码头；顺岸部分码头作业区陆域纵深400 m，整个码头作业区直接与后方出口加工区相连，不再另设仓储、物流用地，主要公路、铁路通道沿作业区后方南北向布置，作业区内部路网基本为矩形网格状布局，由于与后方临港工业区联系紧密，实施中经论证也可以考虑铁路不直接进入本作业区，以使前后方的运输更加顺畅；与西区相对应，在作业区八岔沟船厂附近安排约600 m岸线及33×10^4 m²的支持系统专用办公区，与西区支持系统区共同组成长兴岛港区的支持系统基地。

（2）船舶工业用海规划

船舶工业区自葫芦山嘴向东依次为STX项目用海（已批准建设）、中集项目用海、大连万阳重工重型石化反应器项目、万邦项目用海（已批准建设）和大连造船厂修造船项目。规划用海面积11.26 km²，规划岸线总计16.65 km。主要建设大型船坞、船台、舾装码头设施等，设有大型船坞7座，码头岸线7 000多米及其全部配套工程，年造船能力500万载重吨。拟建国内规模最大的修造船厂，包括6万吨级修船坞2座及10万吨级修船坞、15万吨级修船坞、30万吨级修船坞各1座，550 m×130 m×13.5 m造船坞各1座，陆域面积10.04 km²，水域面积4.06 km²，另外为大型修造船基地远期发展预留3.19 km²的陆域面积和2 400 m的码头岸线。

（3）西中岛北部吹填区用海规划

西中岛北部吹填区主要规划建设韩国船舶配套产业园区项目和国际综合物流园区，规划面积 3.5 km^2，其中韩国船舶配套产业园区目前有 13 家企业已签协议，主要为船用发动机零部件、船用家具、船用舾装件、电器、管道等产品制造。

根据大连市港口的总体功能布局、港口发展趋势和资源总体状况，葫芦山湾南岸松树嘴至北井子岸段拟规划逐步发展成为继大窑湾港区之后的又一个大型集装箱港区，同时兼顾部分散杂货中转运输功能，沿集装箱港区向北，西中岛北部滩涂围海区拟吹填形成陆域，安排与集装箱港区规模相适应的大型国际综合物流园区。

2.4.2.2　规划平面设计综合评价

利用 2.3.1.2 节和 2.3.2.2 节建立的顺岸突堤式围填海平面设计评价指标体系，对长兴岛临港工业区区域建设用海一期规划平面设计进行综合评价。

（1）围填海强度评价

规划围填海总面积为 3 391.82 hm^2，占用现有海岸线 30.60 km，围填海强度指数为 110.84 hm^2/km，处于 $100 < I \leqslant 200$ hm^2/km 之间，本规划围填海属于Ⅲ级，其围填海强度中等，应注意节约、集约海岸线与围填海，它的标准化赋值为 0.6。

（2）海岸线冗亏程度评价

规划围填海占用现有海岸线 30.60 km，新形成人工岸线 45.65 km，围填海岸线冗亏系数为 1.49，处于 $1.2 < R \leqslant 1.5$ 之间，属于Ⅲ级，围填海岸线冗余度中等，岸线节约、集约利用一般，它的标准化赋值为 0.6。

（3）临岸区域面积比例评价

规划围填海总面积为 3 391.82 hm^2，可新形成临岸区域面积为 1 153.22 hm^2，临岸区域指数为 0.34，处于临岸区域指数 $0.3 < A_c \leqslant 0.5$ 之间，属于Ⅳ级，其单宗围填海规模较大，临岸区域较丰富，它的标准化赋值为 0.8。

（4）自然海岸线集约利用评价

规划围填海总面积为 3 391.82 hm^2，围填海所处岸段自然海岸线长度为 11.50 km，围填海自然海岸线利用率为 295 hm^2/km，处于 $200 < U_n \leqslant 300$ 之间，属于Ⅲ级，它的标准化赋值为 0.6。

（5）水域景观营造评价

规划用海面积约 6 649.10 hm^2，其中水域预留面积约 3 257.28 hm^2，水域景观指数为 0.49，属于Ⅴ级，水域景观营造很充足，水域景观很丰富，它的标准化赋值为 1.0。

（6）亲海岸线营造评价

本规划属于临港工业区域用海规划，不存在公众亲海岸线，亲海岸线指数为 0，属于Ⅰ级，亲海岸线比例很低，它的标准化赋值为 0.2。

（7）综合评价

利用 2.3.1.2 节和 2.3.2.2 节建立的顺岸突堤式围填海平面设计综合评价模型对长兴岛临港工业区区域建设用海一期规划的平面设计进行综合评价（表 2.21）。

表 2.21　长兴岛临港工业区区域建设用海一期规划的平面设计综合评价

M 值	评价值	标准赋值	权重	等级
围填海强度指数	110.84	0.6	0.198	Ⅲ
海岸线冗亏指数	1.49	0.6	0.189	Ⅲ
临岸区域指数	0.34	0.8	0.153	Ⅳ
自然海岸线集约利用率	295	0.6	0.161	Ⅲ
水域景观指数	0.49	1.0	0.129	Ⅴ
亲海岸线指数	0	0.2	0.170	Ⅰ
综合评价	0.614			Ⅳ

从表 2.21 可以看出，长兴岛临港工业区区域建设用海一期规划平面设计综合评价：

$$M = \sum_{i=1}^{6} W_i \cdot F_i = 0.6 \times 0.198 + 0.6 \times 0.189 + 0.8 \times 0.153 + 0.6 \times 0.161 + 1.0 \times$$

$0.129 + 0.2 \times 0.170 = 0.614$，处于表 2.19 中围填海平面设计综合评价等级划分的Ⅳ级，平面设计综合评语为优良，可按照原设计施工。

2.4.3　盘锦辽滨沿海经济区区域建设用海规划平面设计评价

盘锦辽滨沿海经济区区域建设用海总体规划用海面积约 76.51 km²，其中填海造地面积约 45.28 km²，水域面积约 31.23 km²，占用岸线 14.68 km，新形成岸线 112.11 km。规划用海平面布局见图 2.5。

2.4.3.1　规划平面设计

1）功能分区

盘锦辽滨沿海经济区，依托园区空间发展策略以及与滨海大道、辽河、渤海的空间关系，构建"与路相依、与水相融"的空间结构，提出"一城、一港、四区"的功能分区布局，把整个盘锦辽滨沿海经济区划分为金帛湾水城、盘锦新港、新港工业区、临海工业区、河畔水乡住区、原生态体验区六大区域以及相应的水域，见图 2.6。

（1）金帛湾水城

位于规划用海的东南部区域，是盘锦辽滨沿海经济区城市建设的主体部分，由三大功能分区组成，包括海岛生态住区、商业娱乐群岛、滨水生态住区，规划居住人口 23.3 万人。部分位于现状岸线以上，规划用海面积 1 634.21 hm²，占总规划用海面积的 21.36%。

①海岛生态住区

位于金帛湾水城的南端、规划内湖南侧，在海滨沿线设置以生态宜居为特色的绿色轴线，将自然景色最为优美的区域规划为凸显滨海水城特色的生活岸线，打造高品质的生活环境，规划居住人口 10.8 万人。规划用海面积 946.40 hm²，占总规划用海面积的 12.37%。

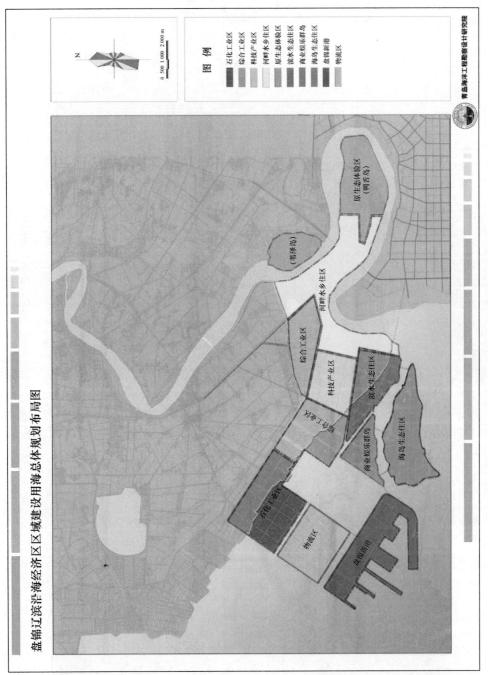

图2.5　盘锦辽滨沿海经济区区域建设用海总体规划平面布局

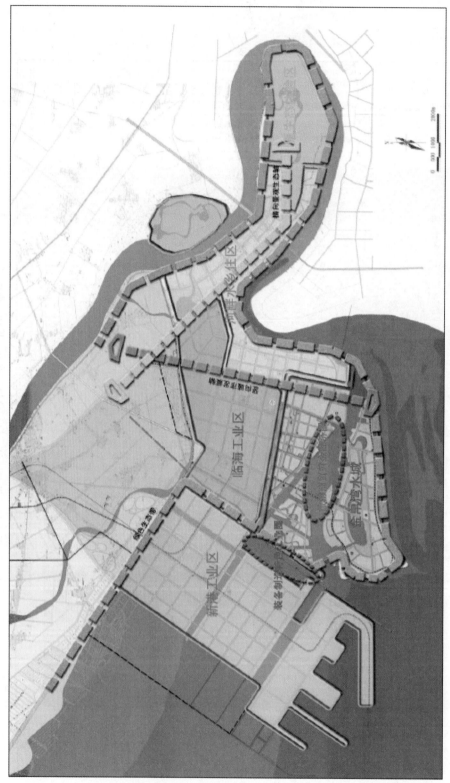

图2.6 盘锦辽滨沿海经济区区域建设用海总体规划空间布局

②商业娱乐群岛

位于金帛湾水城的西北端、规划内湖西侧，由 5 个人工岛组成，是商业休闲娱乐群岛，环境宜人，内设高档酒店、俱乐部等娱乐设施，为城市高端人群提供假日休闲娱乐场所，规划居住人口 3.2 万人。规划用海面积 304.98 hm^2，占总规划用海面积的 3.99%。

③滨水生态住区

位于金帛湾水城的东北端，规划内湖以北、东四路以南的区域，生态结构完整，水路、陆路交通发达，打造品牌生态水城住区，规划居住人口 9.3 万人。部分位于现状岸线以上，规划用海面积 382.83 hm^2，占总规划用海面积的 5.00%。

（2）盘锦新港

位于规划用海范围的西南部区域，距离滨海大道约 7 km，是盘锦辽滨沿海经济区的货运交通枢纽，以油品运输、散杂货运输、集装箱运输、船舶舾装为主，规划用海面积 1 109.47 hm^2，占总规划用海面积的 14.50%。盘锦新港的东部区域为港区，西部区域为船舶舾装区。

（3）新港工业区

位于规划用海范围的西部区域，盘锦新港的后方，是盘锦辽滨沿海经济区产业发展的主体部分，由石化工业区、综合工业区、物流区三大功能分区组成。部分位于现状岸线以上，规划用海面积 1 558.96 hm^2，占总规划用海面积的 20.38%。

①石化工业区

位于新港工业区的北部区域，沿滨海大道南面布置，基于塑造生态滨海新城的考虑，在石化工业区外围设置 100~150 m 的防护绿带，使石化工业区形成较为独立的功能区，发挥接近原料产区、紧靠港口的优势，承接辽西、盘锦地区石油化工产业的辐射，打造以精细化工为主导的新型石化工业基地。部分位于现状岸线以上，规划用海面积 610.65 hm^2，占总规划用海面积的 7.98%。

②综合工业区

位于新港工业区的东北端，以装备制造业为主，借助辽河油田及环渤海地区对石油工程设备和石化工程设备的需求，重点发展石油开采专用设备以及环保设备和精密铸件等，同时兼顾石油化工、建材等行业。部分位于现状岸线以上，规划用海面积 124.79 hm^2，占总规划用海面积的 1.63%。

③物流区

位于新港工业区的中部、盘锦新港港区的后方。以港口和园区为依托，综合仓储、展示、运输、配送、加工等功能，并提供与之配套的信息、咨询、维修等功能，形成促进港口经济和产业经济联动的产业区。规划用海面积 823.52 hm^2，占总规划用海面积的 10.76%。

（4）临海工业区

位于规划用海的北部区域，延伸现状的主导产业集聚区；临海工业区南临辽东湾，东临辽河，东北部为滨海大道穿过，是盘锦辽滨沿海经济区的主要功能区，建设成为现代高效的新型工业区。临海工业区由综合工业区和科技产业区两大功能区构成。大部分位于现状岸线以上，规划用海面积 186.44 hm^2，占总规划用海面积的 2.44%。

①综合工业区

位于临海工业区的西侧和北侧，西与新港工业区的综合工业区相连，东与河畔水乡住区相接。功能定位与新港工业区的综合工业区相似。大部分位于现状岸线以上，规划用海面积 175.91 hm^2，占总规划用海面积的 2.30%。该区的设置是考虑近期开发启动阶段，各类功能区难以在短期内迅速形成一定规模，过分强调功能分区将使建设资源分散，反而难以形成集聚，因此设置综合工业区，在以装备制造业为发展主导的前提下，容纳多类型产业，在一定程度上引导启动阶段的产业集聚。

②科技产业区

位于临海工业区南侧的核心区域，南与金帛湾水城的滨水生态住区隔河相望，东隔金帛大路与河畔水乡住区相接。重点发展以网络技术、电子信息、生物制药、新材料等为主的高科技产业，建设高科技产业基地和研发基地，作为盘锦市进行产业结构调整、发展接续产业的平台。大部分位于现状岸线以上，规划用海面积 10.53 hm^2，占总规划用海面积的 0.14%。

（5）河畔水乡住区

位于规划用海的东部区域，东临大辽河入海口，西邻金帛湾水城、临海工业区。以细胞生长模式，结合芦苇湿地和红海滩等原生态景观资源布置居住区，规划居住人口 26.7 万人。大部分位于现状岸线以上，规划用海面积 38.82 hm^2，占总规划用海面积的 0.51%。

（6）原生态体验区

位于盘锦辽滨沿海经济区规划的东北侧，在规划用海范围之外，全部位于现有陆域。以湿地为特色的旅游区、保护区，包括位于大辽河东岸的苇泽岛和鸭舌岛东侧苇地，是新城的禁止建设区，保留原生态面貌，以生态保护、旅游为主要功能。

（7）水域

本规划用海范围内水域包括内湖及水道、盘锦新港港池两大部分，共形成水域面积 3122.69 hm^2，占总规划用海面积的 40.82%。

①内湖及水道

盘锦辽滨沿海经济区规划用海范围内，以纵横交错的人工水体，对各功能区进行分割，构成各个相对独立、相互关联的产业分区，各水体在规划用海范围的中心区域交汇成大面积的水域，形成内湖及水道，在为各产业区提供了丰富岸线资源的同时，为滨海新城的建设提供了难得的景观水体，保留了海水流通的纳潮通道。形成水域面积 2 250.96 hm^2，占总规划用海面积的 29.42%。

②盘锦新港港池

盘锦新港港池由东、西防波堤环抱形成，内部由突堤分隔成 5 个港池，分别用作港区运输和船舶舾装。形成水域面积 871.73 hm^2，占总规划用海面积的 11.39%。

2）岸线利用布局规划

本规划用海占用海岸线 14.68 km，新形成岸线 112.11 km。其中港区岸线 30.98 km，工业区岸线 31.70 km，生活区岸线 47.95 km，大辽河口防护岸线 1.49 km。

①盘锦新港码头岸线：规划长度 30.98 km，以港口货物装卸为基本功能，合理利用水深。

②工业区物流岸线：规划长度 15.17 km，严格控制污染物进入海域，避免对海洋环境的污染。

③工业区石化工业区岸线：规划长度 6.25 km，严格控制污染物进入海域，避免对海洋环境的污染。

④工业区综合工业区岸线：规划长度 7.56 km，工业区内绿色生态岸线，建设景观步行岸线。

⑤工业区科技产业区岸线：规划长度 0.60 km，工业区内绿色生态岸线，建设景观步行岸线。

⑥工业区南纳潮河岸线：规划长度 8.99 km，保护纳潮河宽度和景观，建设观光站点，塑造工业区服务中心的亲水空间。

⑦工业区北纳潮河岸线：规划长度 6.44 km，保护纳潮河宽度，塑造工业区内自然生态斑块与廊道。

⑧水城海岛生态住区岸线：规划长度 21.91 km，南侧岸线设置防潮防风堤坝，北部内湖岸线设置亲水景观及平台设施。

⑨水城商业娱乐群岛岸线：规划长度 16.46 km，以自然生态岸线为主，形成生态海岛特征。

⑩水城滨水生态住区岸线：规划长度 9.58 km，多层级布置景观节点，控制水体宽度，便于人们游憩。南侧岸线设置人流集散与观海平台；北侧岸线利用土方平衡堆砌山体及高大乔木群体，形成对临海工业区的隔离作用。

⑪河畔水乡住区滨河岸线：规划长度 1.48 km，大辽河入海口，重点设置海河交汇处景观，保持生态系统的完整，同时做好防汛防潮设施。

2.4.3.2　规划平面设计综合评价

利用 2.3.1.3 节和 2.3.2.3 节建立的围填海平面设计评价指标体系对盘锦辽滨经济区区域建设用海总体规划平面设计进行综合评价。

（1）围填海强度评价

规划围填海总面积为 4 528 hm²，占用现有人工海岸线 14.68 km，围填海强度指数为 308.45 hm²/km，处于 $300 < I \leqslant 500$ hm²/km 之间，属于 Ⅳ 级，其围填海强度很高，应注意围填海形成土地的节约、集约利用，标准化赋值为 0.8。

（2）海岸线冗亏程度评价

规划围填海占用现有人工海岸线 14.68 km，新形成人工岸线 112.11 km，围填海岸线冗亏系数为 7.64，属于 Ⅴ 级，其围填海岸线冗余度很高，岸线节约、集约利用很好，标准化赋值为 1.0。

（3）自然海岸线集约利用评价

规划围填海总面积为 4 528 hm²，围填海所处岸段全部为人工海岸线，没有占用自然海岸线，围填海自然海岸线利用率等级属于 Ⅴ 级，标准化赋值为 1.0。

（4）亲海岸线营造程度评价

规划设计新形成人工海岸线 112 km，可新形成亲海岸线 64.86 km，围填海亲海岸线指数为 0.58，大于 0.50，属于 V 级，围填海平面设计预留的亲海岸线极为丰富，亲海岸线营造程度高，标准化赋值为 1.0。

（5）临岸区域面积比例评价

规划围填海总面积为 4 528 hm^2，临岸区域面积为 2 873 hm^2，临岸区域指数为 0.63，处于临岸区域指数 $A_c > 0.50$ 范围内，属于 V 级，临岸区域极丰富，标准化赋值为 1.0。

（6）海洋过程畅通程度评价

规划的平面设计充分体现离岸、多区块和曲线的设计思路，整个盘锦辽滨沿海经济区规划用海范围内形成由纵横水体分割而成的，包括半岛、岛屿和突堤等多种填海平面形式组成的区块组团式填海平面布局。规划中设计的潮汐通道有盘锦新港与物流工业区之间的西南潮汐通道、物流工业区与石化工业区之间的西北潮汐通道、滨水生态住区、综合工业区与商业娱乐群岛之间的东北潮汐通道、海岛生态住区与商业娱乐群岛、滨水生态住区之间的内水潮汐通道等。以上潮汐通道最窄处的宽度之和小于等于 200 m，海洋过程廊道指数 $H_w \leqslant 200$，属于 I 级，围填海预留的潮汐通道较窄，它的标准化赋值为 0.2。

（7）人工岛面积比例评价

规划围填海总面积为 4 528 hm^2，其中生态居住岛面积为 946.40 hm^2，商业娱乐群岛面积为 304.98 hm^2，盘锦新港面积为 1 109.47 hm^2，新港工业区面积为 1 558.96 hm^2，以上 4 个人工岛的总面积为 3 898.79 hm^2，人工岛指数为 0.86，等级为 V 级，标准化赋值为 1.0。

（8）人工岛平面形状评价

规划中，生态居住岛面积为 946.40 hm^2，形成人工海岸线 21.91 km；商业娱乐群岛面积为 304.98 hm^2，形成人工海岸线 16.46 km；盘锦新港面积为 1 109.47 hm^2，形成人工海岸线 34.20 km；新港工业区面积为 1 558.96 hm^2，形成人工海岸线 7.72 km；以上 4 个人工岛的总面积为 3 898.79 hm^2，形成人工岛海岸线 80.29 km，人工岛形状指数为 3.21，$LSI > 2.0$，标准化赋值为 1.0。

（9）水域景观营造评价

规划用海面积约 7 651 hm^2，水域面积约 3 123 hm^2，水域景观指数为 0.41，处于 $0.3 < A_w \leqslant 0.5$ 之间，属于 IV 级，水域景观较充足，标准化赋值为 0.8。

（10）综合评价

利用 2.3.1.3 节和 2.3.2.3 节建立的区块组团式围填海平面设计综合评价模型对盘锦辽滨经济区区域建设用海总体规划的平面设计进行综合评价（表 2.22）。

表 2.22　盘锦辽滨经济区区域建设用海总体规划的平面设计综合评价

M 值	评价值	标准赋值	权重	等级
围填海强度指数	308.45	0.8	0.138	IV
海岸线冗亏指数	7.64	1.0	0.141	V
自然海岸线利用率	>500.0	1.0	0.124	V
亲海岸线指数	0.58	1.0	0.089	V
临岸区域指数	0.63	1.0	0.113	V
海洋过程廊道指数	≤200	0.2	0.079	I
人工岛面积指数	0.86	1.0	0.116	V
人工岛形状指数	3.2	1.0	0.108	V
水域景观指数	0.41	0.8	0.092	IV
综合评价	0.891			IV

从表 2.22 可以看出，盘锦辽滨经济区区域建设用海总体规划平面设计综合评价值 $M = \sum_{i=1}^{9} W_i \cdot F_i = 0.8 \times 0.138 + 1.0 \times 0.141 + 1.0 \times 0.124 + 1.0 \times 0.089 + 1.0 \times 0.113 + 0.2 \times 0.079 + 1.0 \times 0.116 + 1.0 \times 0.108 + 0.8 \times 0.092 = 0.891$，处于表 2.19 中围填海平面设计综合评价等级划分的 V 等级 （>0.8），属于 V 级，平面设计综合评语为优秀，完全按照平面设计实施。

第3章 区域集约用海优化评估
技术研究及应用

本章主要构建区域集约用海优化评估指标体系，并开展试点应用。区域集约用海优化评估指标体系主要包括水动力评价指标体系、经济效益评价指标体系和景观格局分析指标体系三类指标。

3.1 水动力评价指标体系构建

本节根据渤海的水文和地理特征等因素，采用 MIKE 软件建立渤海及渤海湾水动力模型和泥沙模型，采用 SWAN 数值模式建立渤海及渤海湾波浪模型，采用 FVCOM 数值模式建立渤海风暴潮模型。根据研究区具有代表性的 2000 年、2008 年和 2010 年三年岸线，利用建立的模型进行潮汐、潮流、冲淤、波浪、风暴潮 5 个要素的三种工况模拟。利用各要素三种工况的模拟结果，进行了集约用海工程对各要素的影响分析。在充分比较分析的基础上，确定每个要素的评价表征量。如，分别选取理论高潮面变化值、大潮期最大流速变化值、冲淤厚度变化值、最大波高变化值和风暴最大增水变化值作为集约用海影响表征量，其中用理论高潮面变化值作为表征潮汐要素变化的表征量。根据各表征量的变化范围，确定每个表征量的影响程度，分为轻、中、重三级。最后根据所用表征量的影响程度，综合评价分析用海工程对整个海湾的影响。

3.1.1 各指标计算方法

（1）理论高潮面变化 T（cm）

指标含义：代表集约用海项目对潮位的影响指标，反映了岸线变化对高潮位的影响，分为轻、中、重三级影响程度，指标范围分别为 $1 \leqslant T < 3$、$3 \leqslant T < 5$ 和 $T \geqslant 5$。

计算方法：水动力模拟采用 MIKE31 三维水动力软件包，计算范围为整个渤海（36.931°—40.874°N，117.6°—122.75°E），网格距为 1 200 m，网格数为 370×365，开边界设在 122.75°E。模式进行 45 天的潮汐计算，采用后 30 天每小时的水位结果，进行调和分析。开展 2000 年、2008 年和 2010 年三种工况的模拟试验，分析由岸线变化引起的渤海潮汐系统的变化。

（2）最大流速变化 C（cm/s）

指标含义：代表集约用海项目对潮流的影响指标，分为轻、中、重三级影响程度，指标范围分别为 $3 \leqslant C < 15$、$15 \leqslant C < 30$ 和 $C \geqslant 30$。

计算方法：水动力模拟采用 MIKE31 三维水动力软件包，采用嵌套网格的方法，将模拟计算海区分为大区（整个渤海海域，其模拟范围 36.931°—40.874°N，117.6°—122.75°E，分辨率为 1 200 m，网格数为 370×365）和三个小区模拟海区，大区为小区提供边界条件。三个小区模拟海区为三个海湾：渤海湾海域，其模拟范围 37.924°—39.213°N，117.62°—118.95°E，分辨率为 400 m，网格数为 286×358；莱州湾海域，其模拟范围 36.9851°—37.7218°N，118.8840°—120.7961°E，分辨率为 400 m，网格数为 412×205；辽东湾海域，其模拟范围 39.3070°—40.8622°N，119.2413°—122.4685°E，分辨率为 400 m，网格数为 697×433。

模式进行 45 天的潮汐计算，采用后 30 天每小时的水位结果，进行调和分析。渤海海流模式进行了 2000 年、2008 年和 2010 年三种工况的模拟试验，分析由岸线变化引起的渤海潮流的变化。

（3）冲淤变化 M（cm/a）

指标含义：代表集约用海引起的海底冲淤变化指标，分为轻、中、重级别，指标范围分别为 $5 \leqslant M < 20$、$20 \leqslant M < 50$ 和 $M \geqslant 50$。

计算方法：水动力 MIKE21 模型中代入泥沙传输扩散方程和近岸波浪模型 NSW，输入沉积物类型、粒度特征参数和风的资料模拟获得。

（4）最大波高变化 W（cm）

指标含义：代表集约用海引起的波浪变化情况指标，将海浪灾害影响评估划分为三个等级，分别为轻（Ⅲ级）、中（Ⅱ级）、重（Ⅰ级），指标范围分别为 $20 \leqslant W < 50$、$50 \leqslant W < 80$ 和 $W \geqslant 80$。

计算方法：选取对渤海影响较大、波浪增长比较明显的两个大风过程进行波浪模拟，其中，渤海湾和莱州湾选取 1997 年 8 月 19 日 00：00 至 8 月 24 日 00：00 和 2003 年 10 月 8 日 00：00 至 10 月 18 日 00：00 的两个大风过程进行模拟，辽东湾选取 1987 年 12 月 29 日 00：00 至 1988 年 1 月 2 日 00：00 和 2004 年 9 月 13 日 00：00 至 9 月 17 日 00：00 的两个温带气旋大风过程进行模拟。

水动力 MIKE21 模型中代入 SWANA 海浪模式，采用嵌套网格的方法，将模拟计算海区分为大区（整个渤海海域，其模拟范围 36.931°—40.874°N，117.6°—122.75°E，分辨率为 1 200 m，网格数为 370×365）和三个小区模拟海区，大区为小区提供边界条件。三个小区模拟海区即三个海湾：渤海湾海域，其模拟范围 37.924°—39.213°N，117.62°—118.95°E，分辨率为 400 m，网格数为 286×358；莱州湾海域，其模拟范围 36.9851°—37.7218°N，118.8840°—120.7961°E，分辨率为 400 m，网格数为 412×205；辽东湾海域，其模拟范围 39.3070°—40.8622°N，119.2413°—122.4685°E，分辨率为 400 m，网格数为 697×433。

模式计算频率范围为：0.04～1.0 Hz，共分成 40 个频段、41 个频率数，输入逐时风场资料模拟获得。

（5）风暴潮最大增水变化 S（cm）

指标含义：代表集约用海对寒潮及台风引起的风暴潮的最大影响指标，划分为三个等级，分别为轻（Ⅲ级）、中（Ⅱ级）、重（Ⅰ级），指标范围分别为 $2 \leqslant S < 7$、$7 \leqslant S < 15$ 和 $S \geqslant 15$。

计算方法：使用 FVCOM 模式来对渤海地区的风暴潮进行模拟。使用的岸线为 2000年工况下的岸线，风暴潮计算域内共有 19 131 个网格点、35 534 个三角形单元。本项目所有计算均取相同的开边界，开边界上共有 21 个点，在具体计算时开边界使用预报得到的实时水位驱动，预报水位所用调和常数取自 NAO. 99Jb 的数据（http：//www. miz. nao. ac. jp/staffs/nao99/ index_ En. html），考虑 M_2，S_2，N_2，K_1，O_1，P_1 六个主要分潮；水深数据使用 Choi（Laboratory for Coastal and Ocean Dynamics Studies Sungkyunkwan Univ.）提供的 $1' \times 1'$ 的东中国海水深数据；风场和气压场数据来自北海预报中心业务化气象模型的输出结果，空间分辨率为 0.1°，时间分辨率为 1 h；本模型在计算时采用正压模型，在计算时温度和盐度分别取为 20℃ 和 30。外模时间步长取为5 s，内外模时间步长比为 30:1。

选取发生于近年且非常具有代表性的寒潮过程（发生于 2003 年 10 月 12—13 日期间）和台风过程（9711 号，发生于 1997 年 8 月 18—20 日）来分别模拟渤海海域的风暴潮情况。

3.1.2 评价指标选定

通过对潮汐、潮流、冲淤、波浪、风暴潮 5 个要素表征量的筛选，确定以理论高潮面变化值、大潮期最大流速变化值、冲淤厚度变化值、最大波高变化值和风暴最大增水变化值等参量作为表征量，建立综合评价体系，将每个表征量受工程建设影响的变化程度分为轻、中、重三级。具体选定指标见表 3.1。

表 3.1　综合评价选定指标

表征要素	重（Ⅰ级）	中（Ⅱ级）	轻（Ⅲ级）
理论高潮面变化 T（cm）	$T \geqslant 5$	$3 \leqslant T < 5$	$1 \leqslant T < 3$
最大流速变化 C（cm/s）	$C \geqslant 30$	$15 \leqslant C < 30$	$3 \leqslant C < 15$
最大波高变化 W（cm）	$W \geqslant 80$	$50 \leqslant W < 80$	$20 \leqslant W < 50$
风暴潮最大增水变化 S（cm）	$S \geqslant 15$	$7 \leqslant S < 15$	$2 \leqslant S < 7$
冲淤变化 M（cm/a）（备选）	$M \geqslant 50$	$20 \leqslant M < 50$	$5 \leqslant M < 20$

3.1.3 指标评价方法

3.1.3.1 特征点法

根据工程和对周边环境的情况，选择一定数量的特征点，通过特征点各表征要素的变化程度进行影响评价。特征点选在工程区、敏感区、变化大的区域。采用此方法建立的评价指标体系见表 3.2。

表 3.2　综合评价指标与标准

评价指标	评价标准	计算方法及说明	评价指数值
特征点理论 高潮面变量 T（cm）	$T \geqslant 5$	$T = \dfrac{\sum\limits_{i=1}^{n}|T_i|}{n}$　式中： T_i——与现状相比，第 i 个特征点理论高潮面改变量（cm）； n——特征点数量，要求特征点选在工程区、敏感区及变化大的区域	26
	$3 \leqslant T < 5$		13
	$1 \leqslant T < 3$		6
特征点最大 流速变量 C （cm/s）	$C \geqslant 30$	$C = \dfrac{\sum\limits_{i=1}^{n}|C_i|}{n}$　式中： C_i——与现状相比，第 i 个特征点最大流速改变量（cm/s）； n——特征点数量，要求特征点选在工程区、敏感区、变化大的区域	26
	$15 \leqslant C < 30$		13
	$3 \leqslant C < 15$		6
特征点冲淤 变量 M （cm/a）	$M \geqslant 50$	$M = \dfrac{\sum\limits_{i=1}^{n}|M_i|}{n}$　式中： M_i——与现状相比，第 i 个特征点冲淤改变量（cm）； n——特征点数量，要求特征点选在工程区、敏感区、变化大的区域	26
	$20 \leqslant M < 50$		13
	$5 \leqslant M < 20$		6
特征点最大 波高变量 W （cm）	$W \geqslant 80$	$W = \dfrac{\sum\limits_{i=1}^{n}|W_i|}{n}$　式中： W_i——与现状相比，第 i 个特征点最大波高改变量（cm）； n——特征点数量，要求特征点选在工程区、敏感区、变化大的区域	26
	$50 \leqslant W < 80$		13
	$20 \leqslant W < 50$		6
特征点风暴 潮最大增水 变量 S（cm）	$S \geqslant 15$	$S = \dfrac{\sum\limits_{i=1}^{n}|S_i|}{n}$　式中： S_i——与现状相比，第 i 个特征点最大波高改变量（cm）； n——特征点数量，要求特征点选在工程区、敏感区、变化大的区域	26
	$7 \leqslant S < 15$		13
	$2 \leqslant S < 7$		6

3.1.3.2　面积统计法

根据工程和周边环境的情况，统计理论高潮面变化值、大潮期最大流速变化值、冲淤厚度变化值、最大波高变化值和风暴最大增水变化值等各表征量影响程度级别的变化面积，再根据各表征量影响程度转化关系（表3.3），计算各表征量影响程度值（公式3.1），最后根据表3.4进行工程影响程度评价。

表3.3 表征量影响程度转化关系

表征要素	影响程度	指标范围	影响权重（q）
理论高潮面变量 T（cm）	I	$T \geqslant 5$	100
	II	$3 \leqslant T < 5$	10
	III	$1 \leqslant T < 3$	1
最大流速变量 C（cm/s）	I	$C \geqslant 30$	100
	II	$15 \leqslant C < 30$	10
	III	$3 \leqslant C < 15$	1
冲淤变量 M（cm/a）	I	$M \geqslant 50$	100
	II	$20 \leqslant M < 50$	10
	III	$5 \leqslant M < 20$	1
最大波高变量 W（cm）	I	$W \geqslant 0.8$	25
	II	$0.5 \leqslant W < 0.8$	5
	III	$0.2 \leqslant W < 0.5$	1
风暴潮最大增水变量 S（cm）	I	$S \geqslant 15$	250
	II	$7 \leqslant S < 15$	50
	III	$2 \leqslant S < 7$	1

表3.4 工程影响程度评价

表征要素	评估等级	影响程度值（A）	评价指数值
理论高潮面变量 T（cm）	I	5 000	26
	II	10 000	13
	III	15 000	6
最大流速变量 C（cm/s）	I	2 000	26
	II	5 000	13
	III	8 000	6
冲淤变量 M（cm/a）	I	1 000	26
	II	2 000	13
	III	3 000	6
最大波高变量 W（cm）	I	5 000	26
	II	10 000	13
	III	15 000	6
风暴潮最大增水变量 S（cm）	I	5 000	26
	II	10 000	13
	III	15 000	6

各表征量影响程度值计算公式为：

$$A = \sum_{i=1}^{3} Aera_i \cdot q_i \tag{3.1}$$

式中：A 为各表征量影响程度值；i 为影响程度级数；$Aera_i$ 为某个表征量第 i 级影响面积；q_i 为某个表征量第 i 级影响权重。

3.1.3.3 综合评价方法

$$\text{每类评价体系的综合评价指数} = \sum \text{指标权数} \times \text{指标指数} \tag{3.2}$$

指标权数为某一指标在每类评价体系中所占的比重，通过专家打分的方法确定或采用平均权重的方法。

指标指数为某一指标的影响程度，代表用海项目对这一指标的影响程度。通过对三种工况下（历史、现状和规划）某一指标的变化范围确定。

水动力评价指数计算公式为：

$$I = A1 \times T + A2 \times C + A3 \times M + A4 \times W + A5 \times S \tag{3.3}$$

式中：A1～A5 为指标权数；T、C、M、W 和 S 分别代表理论高潮面变化值、大潮期最大流速变化值、冲淤厚度变化值、最大波高变化值和风暴潮最大增水变化值。

若采用平均权重法则可改写成：

$$I = \frac{T + C + M + W + S}{5} \tag{3.4}$$

水动力评价指数 I 予以评价：当 $I \geq 19$ 时，应考虑放弃该工况；当 $10 \leq I < 19$ 时，可作为慎重选择工况，应用其他指标进一步筛选；当 $I < 10$ 时，可作为拟选工况，应用其他指标进一步筛选（表 3.5）。

表 3.5　水动力评价指数划分

	评价指数范围	性质描述
	$I \geq 19$	应考虑放弃该工况
水动力评价指数 I	$10 \leq I < 19$	可作为慎重选择工况，应用其他指标进一步筛选
	$I < 10$	可作为拟选工况，应用其他指标进一步筛选

3.2　经济效益评价指标体系构建

3.2.1　集约用海区用海经济效益评价方法

3.2.1.1　成本—效益分析评价思路

（1）集约用海区经济特征

集约用海区是指在一定海域范围内，通过统一规划和整体开发建设的新型产业聚集区。通常表现为位于同一海湾、河口、岛屿、滩涂、海洋功能区等区域范围内，连片布置且集中了三个或更多的围填海建设项目，具有空间范围大、集中集约、用海整体性和开发建设系统性等特征。目前进行的集约用海区建设，往往以围填海开发建设为主，重点发展港口建设、临港工业、修造船业、旅游娱乐、城镇居住等。在环渤海"三省一市"区域，集约用海区建设往往是各地经济发展方式转变、拓展发展空间、提升发展水平、培育新的经济增长点的重要抓手，在地区社会经济发展中具有重要地位和作用。

国家海洋局对集约用海区实施整体规划管理。通过编制区域建设用海规划，实现整体科学论证和统一实施，促进海域资源的节约集约利用和合理配置，有效引导沿海海洋产业聚集发展。在集约用海区开发建设过程中，一般要把握以下几个原则：陆海统筹一体化发展原则、适度有序原则、环保优先原则、集中与集约相结合的原则。

（2）成本—效益分析思路

成本效益分析方法是一种经济决策方法，一般适用于政府公共支出中对有关投资性支出效益的分析评价，以寻求在投资决策上如何以最小的成本获得最大的收益。其特点是：要求投资方案中投入的成本与其产生的收益进行对比，如收益大于成本，表示经济上可行；如收益小于成本，则表示经济上不可行。本研究，采用成本—效益分析思路。针对集约用海区建设开展总成本、总收益核算和经济效益评价，是集约用海建设投资决策科学化的需要，对于集约用海区建设发展具有重要意义。在集约用海区建设初期，进行比较准确的经济效益估算，有助于区域建设用海规划审批通过和资金筹措；而在集约用海区大规模建设期和发展期进行经济效益评价，则有助于优化产业结构和用海布局，促进集约用海区创造更多的利润和社会效益，带动地方区域的社会经济发展。

成本—效益分析方法一般分为四个重要步骤。第一，明确项目建设成本和收益的涵义和范围；第二，确定贴现率、评价期限等参数；第三，进行总效益和总成本的核算；第四，计算投入产出比、净效益现值等指标，分析项目建设经济合理性或者进行优先次序的确定。

3.2.1.2 集约用海区成本效益分析方法

应用成本—效益分析方法对集约用海区投入产出效益进行评估的关键步骤在于总成本和总效益的准确、科学的计算。由于集约用海工况的差异，集约用海总收益（B）和集约用海总成本（C）指标值并非总是能够直接获得，通常需要通过一定的方法进行估算。在实际应用中，往往又会因为相关数据的掌握情况，需要有所调整。

（1）总成本识别与计算方法

集约用海开发总成本（C）指集约用海区建设发展所进行的各种投入（支出）。对于单个企业而言，由于其生产经营的目标只是其自身净收益的最大化，因此其对成本的考察通常仅限于其自身为维持生产所进行的各项货币投入。但是，集约用海区建设属于全社会（宏观）层面的经济开发利用活动，其追求的目标应是整个社会经济收益的最大化，而不仅仅是项目本身的净收益最大化。因此，对集约用海开发经济合理性的考察不仅要考察项目本身的建设成本，还要考察该海域集中集约开发之前已存在的开发利用活动的收益。很多集中集约用海海域在开发利用前已经存在某些生产活动，集中集约用海后形成的新活动对这些原有活动形成了替代，只有新活动的净收益高于这些原有项目的净收益，该活动从整个社会角度看才经济可行。基于此，对集约用海开发总成本

（C）的考察应包括两部分：一是直接成本（C_1），指为形成新生产活动所进行的各项货币支出之和；二是间接成本（C_2），即项目开发建设前该海域已经存在的各项生产活动的经济净效益。

集约用海开发总成本中的直接成本（C_1）包括三部分：一是围填海施工成本（C_{11}），即围填海工程施工所发生的各项费用，包括填土/石成本、海堤建造成本、海域使用金等费用和接通临时水、电、路费等；二是围填海工程完工后每年的维护成本的总和（C_{12}）；三是累计的固定资产投资额（C_{13}），包括集约用海区开发建设前期投入的配套基础设施建设完成的固定资产完成额和各类具体产业项目为投入运营进行的机器设备、厂房等方面的固定资产投资额，不包括为项目开展创造条件所进行的海域自然条件调整（如围填海、海堤建设与拆除、清淤）等方面的投入。

直接成本（C_1）按照下述公式计算：

$$C_1 = C_{11} + C_{12} + C_{13} \tag{3.5}$$

其中：围填海工程完工后每年的维护成本折现计算公式为：

$$C_{12} = \sum_{t=1}^{50} \frac{C'_{12}}{(1+i)^t} \tag{3.6}$$

式中：C_{12}为围填海工程完工后的总维护成本；C'_{12}为围填海工程完工后每年的维护成本；t代表土地使用年限；i代表贴现率。

围填海工程施工成本的计算，在无工程会计明细表或者官方提供的固定资产投资数据的条件下，可以采用普遍的工程成本估算值替代。但是，这种方法无法区分不同平面设计工况条件下的填海工程的建设成本。理想的做法是详细调研施工成本费用，或者分地块、分工况分别估算。

①对处于规划阶段的集约用海区

对处于规划阶段的集约用海区，因没有实际数据，需要根据经验进行估算。采用的公式为：

$$\text{集约用海总成本} = \text{单位面积开发成本} \times \text{集约用海面积} \tag{3.7}$$

该方法很简单，但是其运用有一个关键，即单位面积开发成本的确定，通常是根据实际工作经验来确定。同时也要考虑用海区的实际自然条件，包括水深、底质等以及海域开发方式，不同海域的自然条件不同，开发方式不同，单位面积海域开发利用成本也会有很大差异。

$$TC = C_0 \cdot S + \sum_{t=1}^{50} \frac{C_0 \cdot S \cdot 2\%}{(1+i)^t} \tag{3.8}$$

式中，TC为围填海工程成本；C_0为单位面积围填海成本；每年维护成本占围填海成本的2%；t为评价年限，为50年；i为贴现率，取4.5%；S为围填海面积。

②对于已开发集约用海区

由于部分项目已经完成，有实际数据可考，因此，此类项目的用海总成本通常采用该项目的实际开发费用。

从投入方面而言，一般集约用海区总投入包括围填海工程投资、配套基础设施投资和工业企业投资，其中围填海工程投资和公共配套基础设施投资占总投入的比例会随着集约用海区发展的成熟程度变化。发展初期围填海工程投资以及公共配套基础设施投资所占比例较高，随着围海造陆土地开发率的升高，工业企业投资比例会增加。集约用海区还需要对岸线进行开发利用，一般岸线开发项目都需要几十亿元的资金投入。其具体的投资资金结构会因各集约用海区的不同有很大的差异。

（2）总收益确定与计算方法

集约用海总收益（B）是指集中集约用海区开发利用后所产生的经济效益，即集中集约用海对人类的工业、农业、商业等活动带来的货币价值，它可以用集中集约用海区开发利用后所形成的工业、农业或商业等活动所产生的销售收入来核算。集约用海区开发利用后均会用于一定的生产用途，可能是工业，可能是农业，也可能是商业，有时是多种活动兼而有之，但不论是何种形式，只要形成生产活动，便会产生产品销售，便会形成销售收入，集约用海区开发利用总收益就是集中用海区开发利用后形成的各类生产活动的年收入的总和。这里只计算集中集约用海活动的直接收益，即生产地位于集约用海区内的各项生产活动的收入，不计算这些活动通过产业链的关联效应带动其关联产业或企业产生的收入的增加。

$$TB = \sum_{i=1}^{n} B_i \qquad (3.9)$$

式中：B_i 为集约用海区第 i 种产业开发利用类型所产生的收益，将集约用海区各类产业开发利用收益汇总即为总收益。不同产业类型，经济效益估算方法有所不同。

养殖产品和海盐作为经济产品在市场中流通，具有市场价格，其价值量均可以通过市场估价法进行估算；交通运输、工况、旅游、渔业设施等的经济效益可以通过其实现的年产值或者利润进行估算。

围填海工程间接成本的计算，需要准确掌握填海工程建设前用海区海域使用情况，估算海域使用所产生的经济效益，而且不同行业的计算方法也有所不同。需要注意的是，这里的间接成本若看作是生态系统服务功能损失价值评估，则在很大程度上提高了填海工程的总成本，降低了工程建设的经济效益。

①对于已开发类集约用海区

此类集约用海区的集约用海总收益计算直接采用该指标的实际经济统计数据。该指标的经济含义实际即为该集约用海区所有已建设项目的年增加值总和。对该指标各地区每年都有统计。若有地方政府社会经济统计数据，以地方统计获取的生产总值为准；若没有统计数据，对于已经开发建设的集约用海区，需要采取适宜的方法如市场价值法进行估算，时间为截至评价时日。

海水增养殖、盐业生产所产生的总收益：

$$B_i = \sum_{j=1}^{n} P_j \cdot Q_j \cdot S_j \qquad (3.10)$$

式中：P_j 为某养殖品种或某产品的近三年市场平均价格；Q_j 为单位面积某养殖品种或某产品的近三年平均产量；S_j 为某养殖品种或某产品用海面积；n 为选取的海水增养殖品种或某产品的个数。养殖水产品市场平均价格采用集约用海区及邻近海产品批发市场的同类海产品价格计算。

滨海旅游业总收益：滨海旅游开发收益即旅游总收入，可通过加总计算发生在集约用海区的旅游门票收入和酒店、餐饮、购物等消费收入获得。若无法获取以上数据，可以基于个人旅行费用法进行计算。

港口发展集约用海区发展港口、船舶修造等产业，通过调查获取总利润数据，或者采用行业利润率来估算。

②对于规划中的集约用海区

对于此类用海项目，需要采用一定方法估算。但是对其估算没有固定的方法和标准，具体要看数据的可得性，可得数据多，估算方法就细一点，可得数据少，估算方法就粗一点。这需要在实际操作中根据实际情况灵活掌握。

首先介绍一种较细的估算方法：根据项目开发后的实际用途来估算。该方法的基本思路是：不论项目开发后有多少种用途类型，首先对这些用途类型的经济效益分别进行估算，然后进行加总。例如，对于用于海水养殖的集约用海项目，可以首先根据拟投放的养殖品种、养殖区面积、养殖单产，估算每年的养殖产量，然后根据该品种的年平均市场价格，估算项目的年总收入；再根据该品种的单位养殖成本和总产量，确定年养殖总成本，两者相减便可以得出年养殖总收益。对于工业用海，可以参考一般情况下同类项目的相关指标，包括单位规模产品产量、产品单位价格、单位产品成本，根据规划项目的实际规模进行放大，推算集约用海项目的年总收益和总成本。

其次，介绍一种较粗的估算方法：根据项目开发后实际用途的基准地价进行估算。其基本思路可以表述为下述公式：

$$\text{集约用海总收益} = \text{集约用海区总面积} \times \left[\text{基准地价} + \sum_{t=1}^{50} \frac{\text{基准地价} \times 10\%}{(1 + \text{折现率})^t} \right]$$

$$(3.11)$$

例如，某项目开发后主要用于发展工业，那么可以查看该地区工业用地的基准地价，假如是 500 元/m²，再假如用海区面积为 200 km²，那么该用海区的集约用海总收益等于：$200 \times \left[500 + \sum_{t=1}^{50} \frac{500 \times 10\%}{(1 + 4.5\%)^t} \right]$。其中，4.5% 为贴现率；10% 为投资回报率；t 为土地使用年限，一般取 50 年。该方法可以在第一种方法所需的相关指标无法取得可靠值的情况下采用。

（3）成本效益比较与分析限制

①成本效益比较

成本收益率（BCR）为集约用海区效益现值总和与集约用海区开发建设成本现值总和的比值，反映单位投入带来的效益。计算公式为：

$$BCR = TB/TC \qquad (3.12)$$

式中：BCR 为成本收益率；TB 为集约用海总收益；TC 为集约用海总成本。

$BCR \geqslant 1$，说明社会得到的总效益大于等于支出成本，集约用海区建设具有经济合理性；否则，则不具有合理性；多个方案进行比较时，BCR 越大，经济效益也越大。

②成本效益分析方法的限制

成本效益分析有其技术层面及应用于公共投资的限制。在技术层面上，成本效益分析的结果，并非决策者考虑的唯一因素，只是提供给决策者一种判断准则。成本效益估算结果，可能忽略了不易计量的效益或间接产生的效益，而且许多投资产出无法以市价衡量，评估影子价格更加困难。像集约用海区建设这种大型工程计划，可以改变整个经济结构，使得整个经济体系的产量和价格均发生变动。再者，集约用海区建设往往具有多目标性、投资主体多元性、公共产品特殊性及公共投资项目利益格局复杂性等特点，应用成本效益分析方法进行分析，往往使得项目可行性研究流于形式。

3.2.1.3 集约用海区用海经济效益评价指标体系

采用成本收益率一个指标或者单项指标还无法完整地反映出集约用海区的经济效益。因此，针对大规模开发建设或者正在开发建设工况下的集约用海区，本研究选择建立比较完善的评价指标体系，进行集约用海区用海经济效益评价。

（1）评价指标体系建立的原则

指标选取和指标体系的构建是评价的重要环节，一般需要考虑以下两点：一是要注重单个指标的意义；二是注重指标体系的内部结构。单个指标的意义主要体现在指标的代表性，即所选的指标尽可能代表所评对象的某方面特性。而指标体系的内部结构关系是构建指标体系重点考虑的问题，要求具有全面性。指标之间常常是非独立的，尤其是在社会经济领域，指标体系中指标的个数越多，指标间产生信息重叠的可能性就越大，重叠的程度就可能越高。为了客观、准确地评价集约用海区海域、围海造陆土地及岸线开发产生的经济效益，在建立评价指标体系时应遵循以下原则。

①科学性原则

科学性原则要求所选指标能够科学地体现集约用海区用海经济效益的内涵。所选指标应能尽量全面、科学地反映开发区土地利用的现状，同时尽可能地减少指标之间的相关程度，避免重复和交叉。

②全面性原则

全面性原则要求全面、系统地反映集约用海区用海经济效益的各个方面，各指标之间相互协调、互为补充。

③可操作性原则

可操作性原则要求所选指标应含义清晰、易于收集，因此要尽量采用现有的统计数据，可以通过实地调查能获取得到的数据，以保证统计口径的一致。

④可比性原则

可比性原则要求集约用海区用海经济效益评价指标不仅应该适用于同一集约用海区在不同时期进行纵向分析评价，还应该适用于不同地区、不同规模、不同性质的集约用海区之间的横向比较，从而增加指标体系的适用性，使评价结果更具指导性。

⑤引导性原则

引导性原则要求评价指标应尽可能反映出集约用海区用海经济效益今后的发展趋势和发展重点，所选取的评价指标要对未来发展具有一定的指导作用。

⑥动态导向性与弹性原则

处于不同工况条件、不同海域自然条件和区域社会经济背景下，以及开发利用主导功能定位的不同，要求集约用海区用海经济效益评价指标体系中具体指标项目、指标量度及各指标的相对重要性都具有可变性。因此，集约用海区用海经济效益评价指标体系的设置以及评价过程，都应该遵循弹性原则，根据其变化进行调整。

（2）用海经济效益评价指标涵义

从集约用海区开发程度、投入强度、产出强度、投入产出效益和产业结构效益五个方面筛选建立集约用海区用海经济效益评价指标体系，指标涵义与计算方法见表3.6。

表3.6　集约用海区用海经济效益评价指标体系和计算方法

评价指标	具体计量指标	单位	计算方法	涵义
开发利用程度	海域开发利用率（U1）	%	已开发利用海域面积/规划区海域总面积	反映集约用海区海域空间资源开发利用状况
	岸线开发利用率（U2）	%	已开发利用岸线长度/规划岸线总长度	
	围填海域开发率（U3）	%	已开发利用的围填海面积/已围填海面积	
投入强度	单位面积投资强度（U4）	万元/hm²	累计固定资产投资额/已开发利用面积	反映集约用海区资本、劳动人员投入强度；根据集约用海区产业功能定位，也可以增加实际外商直接投资
	单位岸线投资强度（U5）	万元/km	累计固定资产投资额/已开发利用岸线长度	
	单位面积从业人员数（U6）	人/hm²	集约用海区年末全区从业人员数/已开发利用面积	
产出强度（效率）	单位面积用海产出率（收益率）（U7）	万元/hm²	集约用海区总产出或者总收益（产业增加值、工业总产值、利润总额、营业收入）/已开发利用面积	反映集约用海区单位面积和岸线的产出强度；产出指标可以根据集约用海区产业功能定位来选择
	单位岸线用海产出率（收益率）（U8）	万元/km	集约用海区总产出或者总收益（产业增加值、工业总产值、利润总额、营业收入、货物吞吐量）/已开发利用岸线长度	
	单位面积地方财政收入（或者利税总额）（U9）	万元/hm²	地方财政收入（或者利税总额）/已开发利用面积	反映集约用海区建设对地方社会经济发展的贡献
投入产出效益	投入产出比（或者成本收益率）（U10）	无量纲	集约用海区总产出/开发利用总成本	反映集约用海区开发利用的投入产出水平，可参照第二部分描述的方法进行计算
产业结构效益	主导产业效益比重（U11）	%	主导特色产业主营业务收入/全部企业主营业务收入	反映集约用海区用海产业结构效益；可以根据集约用海区产业功能定位来选择工业增加值、服务业收入、高新技术企业产值等占全区产出或者效益的比重

集约用海区开发利用程度指标，主要是从海域空间资源开发利用率方面反映集约用海区开发建设进展情况，选用海域开发利用率、岸线开发利用率、围填海域开发率来表示，计算方法如表3.6所示。其中，已开发利用海域面积是指规划区域中已经引入工业企业发展建设的海域（包括港池水域、养殖海域）和围海造陆土地。已开发利用的围填海面积是指已经完成土地出让和开展工业企业建设的围填海海域，仅完成围堰和围填造陆工程的区域不计算在内，但属于已围填海总面积范畴。

集约用海区开发投入强度，通常可以反映集约用海区开发的深度和广度，直接影响着产出效益。一般，提高投入强度，能够引起经济效益的显著提高。本研究以截至评价时日单位面积（或岸线）累计的固定资产投资额和从业人口数来表示集约用海区资金、人力等资源的投入。其中，固定资产投资额是指各类具体产业项目为投入运营进行的机器设备、厂房等方面的固定资产投资额，不包括为项目开展创造条件所进行的海域自然条件调整（如围填海、海堤建设与拆除、清淤）等方面的投入。投资强度是一个动态的、不断变化的控制指标，具有较强的时效性、阶段性，并体现出极强的地域、行业特殊性。

集约用海区开发产出强度指标，反映了集约用海区单位面积或岸线产生的总效益，以及对地方社会经济发展的贡献。这里，可以用来表征总产出或总收益的指标比较多，如集约用海区所有产业增加值（GDP）、工业总产值（工业主导功能定位）、所有行业利润总额、所有企业营业收入等。实际应用时具体选择哪个指标，要综合考虑集约用海区获取数据情况，以及指标之间的相关性问题。采用单位面积地方财政收入（或者利税总额）反映集约用海区开发建设对地方社会经济发展的贡献，这两个指标的实际应用也要看获取数据情况和指标整体相关性。

集约用海区开发投入产出效益指标，选择投入产出比这一指标，即单位面积用海在项目投产后总产值与投入总额之比，它从总体上反映集约用海区的用海效益情况。

集约用海区产业结构效益指标，反映集约用海区实际开发利用是否符合规划确定的主导功能，也可以反映集约用海区用海功能布局所产生的效益情况。本研究选用主导产业效益比重来指示。主导产业效益比重即主导特色产业主营业务收入占全部企业主营业务收入的比重。不同集约用海区特色产业不同，该指标体现产业集聚区特色，反映产业集聚区"特"的产业导向。具体由该产业集聚区根据产业定位设定主导特色产业。产业结构效益的表征指标，根据需要评价的集约用海区的实际产业发展情况，也可以采用第二产业比重、第三产业比重、海洋经济产值比重、高新技术企业产值比重等指标，反映集约用海区用海布局功能区产生的产业结构效益的不同。

针对指标体系作以下几点说明。

①关于单位岸线指标。在本研究中，集约用海区经济效益评价指标体系中加入单位岸线指标，以考察集约用海区海岸线开发利用经济效益。一方面，可以反映集约用海区港口发展、滨海旅游业、修造船业等开发利用活动对岸线资源的开发投入与产出效益；另一方面，可以评价离岸人工岛式、多组团式、多突堤式填海开发利用方式所增加的岸线开发利用经济效益。

②关于产出指标的选择。可以用来表征总产出或总收益的指标比较多，一般地，地

区生产总值、工业总产值、工业增加值、所有行业利润总额、所有企业营业收入、地方财政收入、税收收入等都是重要评价标准。对依托港口重点发展临港工业的集约用海区，其外向型经济特征明显，区内工业企业的进出口总额也可以作为利用土地、岸线资源的重要产出。实际应用中选择哪些指标，要具体问题具体分析。

（3）评价指标标准化与计算方法

①评价指标综合权重确定

采用层次分析法（AHP）和专家打分法相结合来确定各评价指标权重值。由专家利用 1~9 比例标度法，分别对每一层次的评价指标的相对重要性进行定性描述，并用准确的数字进行量化表示。通过专家赋值，得出各评价因子相对于总目标的权重值，并通过判断矩阵一致性检验。

②指标值的无量纲化处理

由于所涉及的各个指标因素具有不同的量纲，不能直接进行比较，因此，需要对原始数据指标进行无量纲化处理。本研究采用极值变换法进行标准化，假定 X_{ik} 为第 i 个评价对象的第 k 个指标值，则标准化指标值 $X_{ik'}$ 的计算公式如下：

$$X'_{ik} = \frac{X_{ik} - X_{ik\min}}{X_{ik\max} - X_{ik\min}} \tag{3.13}$$

因本研究所选择的评价指标如单位面积投资强度、单位面积产出效益、单位面积财政收入等指标均为数值越大越好，所以应用公式（3.13）进行数据标准化。

3.2.1.4 业务化应用分析程序和步骤

（1）集约用海区评价对象规划建设资料搜集与分析

搜集待评价集约用海区有关规划、开发建设进程、经济投入产出方面的资料和数据，分析集约用海区建设类型、工况条件、数据可获取与一致性情况，初步确定经济效益评价指标和计算方法。对于缺少的数据资料，建议进行实地调查和走访。

（2）集约用海区成本效益分析

首先，要识别集约用海区国民经济效益和成本要素。基于实地调查或者搜集到的有关集约用海区开发建设投入、产出方面的国民经济统计数据和财务数据，识别集约用海区直接经济效益和经济成本构成。然后，计算集约用海开发总投入和总产出，计算成本收益率或者投入产出比。若集约用海区成本收益率大于 1，则要核算其他几项分项指标，以从不同侧面反映集约用海区的经济效益。

（3）集约用海区经济效益评价

针对大规模开发和正在建设的集约用海区，利用上述建立的评价指标体系，开展集约用海区经济效益评价，以综合、客观地反映集约用海区用海布局产生的经济效益。

（4）分析评价集约用海区集约利用和用海布局方面存在的问题

基于集约用海区功能布局和产业发展战略，结合集约用海区经济效益各项评价指标，指出集约用海区开发利用中存在的问题，主要包括投资强度、集约节约利用水平等，提出用海布局优化调整的建议。

3.2.1.5 集约用海区经济效益评价案例研究

环渤海区域集约用海区建设各具特色，呈现不同的特征。从建设阶段来看，目前可分为"规划阶段"、"正在建设"、"大规模开发"三种主要工况；从开发利用功能上，可以分为港口及临港工业开发、城镇与旅游度假开发等类型。本书主要针对以上三种主要工况进行用海布局经济效益分析，故而选择正处于规划阶段的龙口湾临港高端制造业聚集区一期（龙口部分）（已开始围填）和正在进行大规模开发的天津临港经济区作为两个典型案例进行用海经济效益评价指标的适用性研究。

1）龙口湾集约用海区经济效益估算

（1）龙口湾集约用海区区域建设规划概况

龙口湾临港高端制造业聚集区一期（龙口部分）规划区域，位于龙口湾南侧海域，南至龙口界河以北 300 m，北至龙口恒河入海口南侧，西至约 −8.5 m 等深线，东至海岸线。规划填海面积为 33.43 km^2。

（2）龙口湾集约用海区围填海成本收益分析

①集约用海总收益

由于龙口湾临港高端制造业聚集区为正在建设中的集约用海区，根据下述公式推算集约用海总收益：

$$B = P_0 + \sum_{t=1}^{50} \frac{P_x}{(1+i)^t} \tag{3.14}$$

式（3.14）中，P_0 为龙口市工业用地基准地价；P_x 代表每年土地对经济的贡献；i 代表贴现率；t 代表土地使用年限。

各指标取值为：

$P_0 = 345$ 元/m^2（2007 年公布的二类工业用地基准地价）；$P_x = P_0 \times 10\%$；i 取 4.5%；t 取 50 年。

根据公式得出单位面积集中集约用海效益为 1 026.789 元/m^2。龙口湾临港高端制造业聚集区集中集约用海面积为 3 342.71 hm^2，由此计算得出龙口湾临港高端制造业聚集区的集中集约用海收益 B 为 3 432 258 万元。

②集约用海总成本

集约用海总成本 C = 直接成本（C_1）+ 间接成本（C_2）

直接成本（C_1）：

$$C_1 = C_{11} + C_{12} \tag{3.15}$$

首先计算 C_{11}：按照 15 万元/亩* 推算龙口湾临港高端制造业聚集区围填海施工成本，则龙口湾临港高端制造业聚集区围填海施工总成本 C_{11} 为：

$$C_{11} = 15 \text{ 万元/亩} \times 15 \text{ 亩/hm}^2 \times 3\,342.71 \text{ hm}^2 = 752\,109.75 \text{ 万元}$$

进一步计算 C_{12}：按照公式 $C_{12} = \sum_{t=1}^{50} \frac{C'_{12}}{(1+i)^t}$ 计算。

每年的围填海维护成本 C'_{12} 同样按照围填海施工总成本 C_{11} 的 2% 计，即 $C'_{12} = C_{11} \times 2\%$，则龙口湾临港高端制造业聚集区每年的维护成本 $C'_{12} = 752\,109.75$ 万元 $\times 2\% = 15\,042.195$ 万元。土地利用年限 t 取 50 年，贴现率 i 取 4.5%，由此可计算出龙口湾临

---

* 1 亩 ≈ 0.066 7 hm^2。

港高端制造业聚集区 C_{12} 为：

$$C_{12} = \sum_{t=1}^{50} \frac{15\,042.195\ \text{万元}}{(1 + 4.5\%)^t} = 297\,263.97\ \text{万元}$$

进一步，根据公式 $C_1 = C_{11} + C_{12}$，可计算出龙口湾临港高端制造业聚集区围填海直接成本 C_1 为：

$$C_1 = 752\,109.75 + 297\,263.97 = 1\,049\,373.72\ \text{万元}$$

间接成本 C_2：

龙口湾临港高端制造业聚集区建设前，所占海域主要用于筏式养殖扇贝，养殖面积约 1 525.07 hm^2。按照扇贝筏式养殖单位面积产量 11 t/hm^2 计算，养殖总产量约 16 776 t。按照均价 1.5 元/kg 计算，年总产值约 10 066 万元。50 年折现价合计约 198 924 万元。由此可知，龙口湾临港高端制造业聚集区集中集约用海间接成本 $C_2 = 198\,924$ 万元。

集约用海总成本 C：

将 C_1、C_2 代入公式 $C = C_1 + C_2$，得到龙口湾临港高端制造业聚集区集约用海总成本 C 为 1 248 298 万元。

③成本收益率（BCR）

计算公式为：$BCR = B/C$

根据前文，相关指标值为：

$B = 3\,432\,258$ 万元

$C = 1\,248\,298$ 万元

龙口湾临港高端制造业聚集区集约用海投入产出率为：

$$BCR = 2.75$$

④单位面积用海产出强度

计算公式为：$D = B/A$

根据前文，相关指标值为：

$B = 3\,432\,258$ 万元

$A = 3\,342.71$ hm^2

龙口湾临港高端制造业聚集区单位面积用海产出率 D 为：

$D = 1\,026.79$ 万元/hm^2

⑤单位面积用海新增就业人口数量

龙口湾临港高端制造业聚集区集中集约用海前主要用于海洋渔业，容纳就业人口数量较少，我们假定其就业人口数量为零。集中集约用海后主要用于工业。由于工程目前尚在开发过程当中，最终容纳的就业人口数量尚未知，这里采用下述方法对这一指标进行估算。

基于龙口湾临港高端制造业聚集区集中集约用海后的产业用途，同时考虑统计数据的可得性，这里用龙口市近年的第二产业生产率和前文估算的龙口湾临港高端制造业聚集区建成后的年产值来进行推算。计算公式为：

$$P = b/p$$

式中：P 为龙口湾临港高端制造业聚集区建成后容纳的就业人口数量；b 为龙口湾临港

高端制造业聚集区建成后的年产值；p 为龙口市第二产业生产率；p 在本公式中属于常数型系数，这里采用龙口市 2010 年统计年鉴数据对其进行估算。2009 年龙口市工业总产值为 1 775 亿元，从业人员 45 920 人，因此，p 的估算值为：$p = 1$ 775 亿元/48 397人 $= 366.8$ 万元/人。b 的取值为集约用海区第一年集中集约用海总收益，计算公式为：

$$b = \left(\frac{p_0}{50} + \frac{P_0 \times 10\%}{1 + 4.5\%} \right) \times 3\ 342.71\,(\text{hm}^2)$$

计算结果为：$b = $（7 元/m² + 33 元/m²）$\times 3\ 342.71\ \text{hm}^2 = 40$ 元/m² $\times 3\ 342.71\ \text{hm}^2$ $= 133\ 708.4$ 万元。

将 b 与 p 代入上述公式，则龙口湾临港高端制造业聚集区建成后容纳的就业人口数量为 365 人。

由此可计算得出，龙口湾临港高端制造业聚集区建成后单位面积就业人口数量 P' 为：$P' = 365$ 人/3 342.71 hm² $= 0.1$ 人/hm²。

⑥单位面积用海投资强度

表 3.7 给出了龙口湾临港高端制造业聚集区一期（龙口部分）拟入驻项目投资和土地利用情况，根据表中投资和用地面积数据计算龙口湾临港高端制造业聚集区单位面积用海投资强度。

表 3.7　龙口湾临港高端制造业聚集区一期（龙口部分）拟入驻项目投资和土地利用情况

序号	项目名称	总投资（亿元）	占地面积（亩）
1	海洋工程制造项目	30	1 500
2	自升式钻井船基地项目	25	1 000
3	船用螺旋桨生产项目	12	800
4	船舶制造	15	1 000
5	铝合金游艇生产项目	10	600
6	输油管道涂敷项目	10	600
7	海洋工程制造项目	10	600
8	中小型船舶制造项目	10	600
9	船用发动机生产项目	10	500
10	船段制造项目	3	200
11	平湖游艇制造项目	1.2	200
12	40×10^4 t 铝板带项目	40	2 500
13	高端铝合金熔铸项目	35	2 000
14	铜冶炼项目	28	1 500
15	高压无缝钢管生产项目	24	1 200
16	60×10^4 t 氧化铝生产项目	20	1 000
17	氧化球团生产项目	10	500

序号	项目名称	总投资 （亿元）	占地面积 （亩）
18	精密铜管生产项目	7	300
19	铝合金车体锂离子电动自行车项目	6	220
20	氧化球团生产项目	5	300
21	石油、天然气钢管生产项目	5	300
22	高速列车车体材料生产	4	200
23	轻量化铝合金车体材料生产项目	3	200
24	铜产品深加工项目	3	200
25	化学品氧化铝生产项目	2	100
26	镀锌板、彩涂板生产项目	2	150
27	铜加工项目	1.6	100
28	丛林汽车轻量化生产项目	20	1 200
29	龙泵—汽高压共轨喷油泵生产项目	26	1 400
30	汽车配件加工分销中心项目	17	1 200
31	高性能密封蓄电池及客货电动车生产项目	10	500
32	全钢丝载重子午胎生产项目	10	600
33	汽车底盘总成生产项目	10	500
34	重汽轮毂生产项目	7.5	600
35	海盟公司滤清器生产项目	6	300
36	星宇汽车配件项目	5.5	300
37	制动鼓总成、平衡轴总成生产项目	5	300
38	铝制轮毂生产项目	5	300
39	汽车制动器总成生产项目	5	300
40	改装车生产项目	5	200
41	电硅式硅油风扇离合器生产项目	5	300
42	柴油机活塞制造项目	4.3	200
43	制动器总成生产项目	4.3	200
44	高低压油管制造项目	3	200
45	汽车厢体生产项目	3	200
46	车用空调冷凝生产项目	3	180
47	载重车桥生产项目	3	200
48	全工机械挖掘机生产项目	1.6	100
49	农用车零部件生产项目	1.5	120
50	制动器总成生产项目	1.5	100
51	镀铬薄壁缸套生产项目	1.3	100

续表

序号	项目名称	总投资（亿元）	占地面积（亩）
52	油页岩综合利用项目	30	1 500
53	煤化工项目	20	1 000
54	生物制药项目	12	500
55	20×10^4 t 燃料乙醇项目	10	600
56	10×10^4 t 乙烯项目	6	200
57	高强度工程塑料生产项目	5	300
58	热塑性橡胶（TPV）生产项目	3	150
59	新型纳米颜料生产项目	4	200
60	口服胰岛素生产项目	3	100
61	页岩油深加工项目	3	100
62	特种气体及标准气体生产项目	3	100
63	临港工业区泊位建设项目	30	2 000
64	合瑞达油库建设项目	13	500
65	20×10^4 t 级原油泊位建设	11.8	500
66	临港物流园项目	10	800
67	海上油田物流配送项目	2	100
68	博汇丙烯罐建设项目	1.2	200
69	飞龙新型仪表生产项目	3.5	200
70	高低压配电设备生产项目	3	120
71	电机成套设备自动化生产项目	2.5	100
72	黄金设备制造加工项目	2.5	150
73	制冷散热设备制造加工	2	100
74	电线电缆生产项目	1.5	130
75	工业用空调生产建设项目	1	75
76	污水处理厂项目	2.5	150
77	110 kV 变电站项目	0.5	5
合计		681.3	37 850

根据表3.7数据，总投资 $TI = 681.3$ 亿元，总用海面积 $A = 37\,850$ 亩（$2\,505\ \text{hm}^2$）。根据计算公式：$N = TI/A$ 计算可得，龙口湾临港高端制造业聚集区单位面积用海投资强度 NI 为 $2\,720$ 万元/hm^2。

2）天津临港工业区（一期）经济效益分析评价

（1）天津临港工业区（一期）概况

天津临港工业区一期工程位于海河入海口南侧滩涂，北至规划南治导线，向南延伸

3.8 km，西起海防路，向东延伸 5.5 km，围海工程规模为 20 km²。通过围海造陆，将海防路以东、海河口南岸线南侧的淤泥质浅滩围垦回填形成陆域。临港工业区一期工业用地 911.4 hm²、物流用地 92.4 hm²、港口用地 420 hm²、道路用地 252 hm²、铁路用地 69.3 hm²、市政公用设施用地 84 hm²、绿化用地 256.2 hm²、河渠用地 0.7 hm²。经过 5 年多的开发建设，截至 2009 年上半年，临港工业区一期 20 km² 范围内的招商引资项目累计达 35 个，投资总额超过 1 200 亿元，其中百亿元以上的龙头项目有 5 个，包括中船重工修造船基地、蓝星化工新材料项目、天津碱厂项目、中石油国家战略原油储备库项目等，该 5 大龙头项目已经逐步投产建设，2007 年以来共产生税收 1 282 万元。临港工业区一期工程位置及项目分布见图 3.1。

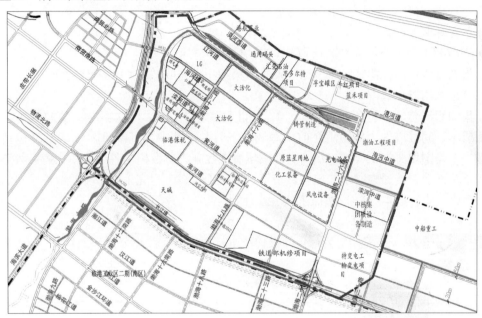

图 3.1　天津临港工业区一期工程位置及项目分布

（2）集约用海区开发利用成本收益分析

①集约用海总收益

时间尺度上，集约用海总收益既可以用总值法，即用一段时期内（如 50 年）的总收益计算，也可以用年均值法，即用平均到每一年的年均收益计算。原理上两种方法都可以，本研究这里采用总值法。

此外，由于集约用海的收益和成本通常不是发生在同一个时间尺度内，如围填海，其投资通常是一次性的，但是收入却是分散在围填海完成后连续的若干年，因此，如果采用总值法计算集约用海总收益和总成本，我们便需要考虑，是将各年份的收入简单加总作为项目的总收益，还是将连续各年份的收入按照一定的折现率折现作为项目的总收益。根据已有的研究成果来看，两种方法都有使用，本研究在具体核算时将考虑资金的时间价值。

天津临港工业区一期属已开发完毕集约用海区，有实际经济统计数据，因此，我们根据实际经济数据计算该用海区集约用海总收益。实际计算中，我们采用该地区的工业总产值进行计算。

根据统计，2011 年天津临港工业区工业生产总值为 102 亿元。假定 50 年期内，该集约用海区每年以该规模等额提供工业生产总值，同时考虑资金时间价值，我们按下列公式计算天津临港工业区总收益：

$$B = \sum_{t=2009}^{2058} \frac{P}{(1+i)^{t-2008}} \tag{3.16}$$

式中：P 为天津临港工业区每年工业总产值；B 为天津临港工业区集约用海总收益；i 代表贴现率；t 代表土地使用年限。

各指标取值为：

P = 700 亿元；i 取 4.5%，t 取从 2009 年至 2058 年。

根据公式得出天津临港工业区一期集中集约用海总收益 B 为 13 833 亿元。

②集约用海总成本

集约用海总成本包括直接成本（C_1）和间接成本（C_2），在本例中，直接成本为围填海成本，间接成本为集约用海前该海域经济效益。其中，直接成本（C_1）又包括两部分：一是围填海施工成本（C_{11}），即围填海工程施工所发生的各项费用，包括碱渣制工程土垫地费、接通临时水、电、路费等；二是围填海工程完工后每年的维护成本的总和（C_{12}）。直接成本（C_1）按照下述公式计算：

$$C_1 = C_{11} + C_{12}$$

其中：C_{12} 由围填海工程完工后每年的维护成本折现计算。计算公式为：

$$C_{12} = \sum_{t=1}^{50} \frac{C'_{12}}{(1+i)^t}$$

式中：C_{12} 为围填海工程完工后的总维护成本；C'_{12} 为围填海工程完工后每年的维护成本；t 代表土地使用年限，i 代表贴现率。

直接成本 C_1：

C_{11}：根据天津临港工业区统计，一期工程填海工程成本共 40 亿元。

C'_{12}：通常，每年的维护成本按照围填海施工总成本的 2% 计，即 $C'_{12} = C_{11} \times 2\%$，则天津临港工业区一期工程 C'_{12} = 400 000 万元 × 2% = 8 000 万元。

C_{12}：土地利用年限 t 取 50 年，贴现率 i 取 4.5%，则天津临港工业区一期 C_{12} 为：

$$C_{12} = \sum_{t=1}^{50} \frac{9\ 000\ \text{万元}}{(1+4.5\%)^t} = 158\ 096.1\ \text{万元}$$

根据公式 $C_1 = C_{11} + C_{12}$，天津临港工业区一期工程围填海直接成本 C_1 为：

$$C_1 = 450\ 000 + 158\ 096.1 = 608\ 096.1(\text{万元}) \approx 61(\text{亿元})$$

间接成本 C_2：

临港工业区一期工程建设前，此工程海域主要为滩涂，养殖面积不大，主要为传统渔业作业区，临港工业区一期工程建设造成该海域渔业资源损失，损失量按照调查的渔业资源量计算，共 1 870 万尾，折合到 2010 年市场价 0.8 元/尾，则渔业资源损失约为

1 496 万元。以此作为天津临港工业区一期工程建设间接成本，则天津临港工业区一期工程建设间接成本 C_2 为：

$$C_2 = 1\ 496\ 万元$$

集约用海总成本 C：

将 C_1、C_2 代入公式 $C = C_1 + C_2$，得到天津临港工业区一期工程建设的集约用海总成本 C 约为 61 亿元。

③成本收益率（BCR）

计算公式为：$BCR = B/C$

根据前文计算所得，相关指标值为：

$B = 13\ 833$ 亿元，$C = 61$ 亿元

天津临港工业区一期工程投入产出率为：

$BCR = 227$。

④单位面积用海产出强度

根据前文计算所得，相关指标值为：

$B = 13\ 833$ 亿元，$A = 2\ 000\ hm^2$

根据单位面积用海产出率计算公式：

$$D = B/A$$

天津临港工业区一期单位面积用海产出率 D 为：

$D = 7$ 亿元 $/hm^2$。

⑤单位面积用海新增就业人口数量

前文设计的指标为单位面积用海新增的就业人口数量。由于天津临港工业区两期工程集中集约用海前主要用于海洋渔业，容纳就业人口数量较少，且没有定数，因此，我们假定其就业人口数量为零，如此，天津临港工业区两期工程单位面积用海新增就业人口数量就等于集中集约用海后两期工程各自单位面积容纳的总就业人口数量。两期工程目前均尚在开发过程当中，最终容纳的就业人口数量尚未知，这里采用下述方法对这一指标进行估算。

由于天津临港工业区建成后主要用于发展工业，同时考虑到统计数据的可得性，这里用天津市塘沽区近年的第二产业生产率和前文估算的天津市临港工业区建成后的年产值来进行推算。计算公式为：

$$P = b/p$$

式中：P 为临港工业区建成后的人口数量；b 为天津市临港工业区建成后的年产值；p 为天津市塘沽区第二产业生产率。p 在本公式中属于常数型系数，这里采用天津滨海新区 2009 年统计年鉴数据对其进行估算。2009 年天津市塘沽区第二产业增加值为 61.75 亿元，从业人员 48 397 人，因此，p 的估算值为：$p = 61.75$ 亿元 $/48\ 397$ 人 $= 12.76$ 万元 $/$ 人。b 的取值可以用集约用海总收益 B 换算获得，计算公式为：$b = B/t$，其中，t 为土地利用年限。将 b 与 p 代入上述公式，则天津临港工业区能够容纳的就业人口数量 P 的计算公式可以转变为：

$$P = B/12.76t$$

通过该公式，我们便可以计算得出天津临港工业区两期工程分别所能容纳的就业人口数量。这里的人口数量为就业总人口，要计算两期工程单位面积容纳的就业人口数量，再用 P 除以用海面积 A 即可。

根据前文计算所得，相关指标值为：

$$B = 12\ 647\ 684.98\ 万元$$

t 取 50 年，$A = 2\ 000\ hm^2$。

根据单位面积新增就业人口数量 P' 计算公式：

$$P' = B/(12.76At)$$

天津临港工业区一期单位面积新增就业人口数量 P' 为：

$$P' = 12\ 647\ 684.98 \div (12.76 \times 2\ 000 \times 50) = 10\ 人/hm^2$$

⑥单位面积用海投资强度

表 3.8 给出了天津临港工业区一期项目投资和土地利用情况，根据表中投资和用地面积数据计算天津临港工业区一期单位面积用海投资强度。

根据表 3.8 数据，总投资 $TI = 598.1$ 亿元，总用海面积 $A = 1\ 012.6\ hm^2$。根据指标单位面积用海投资强度 NI 计算公式：

$$NI = TI/A$$

计算可得，天津临港工业区一期单位面积用海投资强度 NI 为 5 906 万元/hm^2。

表 3.8　天津临港工业区一期项目投资和土地利用情况

序号	项目	面积（hm^2）	投资（亿元）	预计产值（亿元）	利润（亿元）
1	天津碱厂搬迁改造项目	200	172	206.4	41.28
2	大沽化项目	151	173	207.6	41.52
3	LG 渤化	36	28	33.6	6.72
4	新龙桥	10.5	3.8	4.56	0.912
5	法液空	2	2	2.4	0.48
6	华能 IGCC	70	70	84	16.8
7	蓝星	300	0	0	0
8	渤油工程	50	30	36	7.2
9	中核集团核设备制造	10	10	12	2.4
10	特变电工输变电项目	15	20	24	4.8
11	铁道部天津和谐型大功率机车	66.9	38	45.6	9.12
12	天津临港思多而特码头有限公司	3	2	2.4	0.48
13	天津思多而特临港仓储有限公司	14	5	6	1.2

序号	项目	面积 （hm²）	投资 （亿元）	预计产值 （亿元）	利润 （亿元）
14	天津汇荣石油有限公司	5	4	4.8	0.96
15	天津临港新加坡胜科工业污水处理有限公司	2.2	1	1.2	0.24
16	华滨水务有限公司	1	3	3.6	0.72
17	天津天保永利物流有限公司	20	3	3.6	0.72
18	中和物产盾构机项目	12	10	12	2.4
19	天津临港包装容器有限公司	5	4.1	4.92	0.984
20	天津安玖石油仓储有限公司	20	6	7.2	1.44
21	天津仁泰化工股份有限公司	15	9.1	10.92	2.184
22	天津临港千红石化仓储有限公司	1	2.1	2.52	0.504
23	天津为尔客石油化工有限公司	3	2	2.4	0.48
	合计	1 012.6	598.1	717.72	143.544

3）技术试点应用结果评价

龙口湾临港高端制造业聚集区一期（龙口部分）集约用海成本收益率为 2.75；而天津临港工业区一期工程成本收益率为 227，两者相差近百倍悬殊。主要原因可以归纳为以下两个方面。

一是两者评估技术方法产生的误差。集约用海区开发建设项目投资大、投资回收期长，其产生的社会经济效益一般具有滞后性。龙口湾集约用海区为处于规划阶段的用海区，正在进行围海造陆工程，工程投入很大，经济效益还未显现。对其经济效益的估算，采用的是出让地价加上对经济发展的贡献。这一算法的关键是基准地价和经济发展的贡献系数的确定。由于目前国内土地市场发育不健全，采用基准地价，或者全部统一采用一个基准地价的处理方法有失准确性；而计算所得的围填海效益也是基于社会平均水平的估算结果。对于天津临港工业区一期工程区域来说，已完成基础填海工程，项目也已引进投产，因此其开发利用成本和产生的经济效益有实际数据可循，比较客观地反映集约用海区的开发建设经济效益情况。

二是集约用海区开发建设工况条件不同。从投入方面而言，一般集约用海区总投入包括围填海工程投资、配套基础设施投资和工业企业投资，其中围填海工程投资和公共配套基础设施投资占总投入的比例会随着集约用海区发展的成熟程度变化。集约用海区建设初期围填海工程投资以及公共配套基础设施投资所占比例较高，随着围海造陆土地开发率的升高，工业企业投资比例会增加。天津临港工业区一期工程区域已开发利用8年，开发强度高，实际产生的经济效益也十分可观。而龙口湾集约用海区刚刚开始建设，围填海工程投资以及公共配套基础设施投资所占比例较高，围海造陆的土地和海域的使用价值还未充分体现出来，必须加快围海造陆区域土地出让和区域产业规模的尽快形成。

3.2.2 集约用海区不同工况用海布局比选的经济指标选择

3.2.2.1 指标确定及计算方法

通过上述理论研究和技术试点应用结果，本着指标选择简洁性、代表性原则，建议选取单位面积围海造陆工程成本（RC）、单位面积投资强度（NI）两个指标。单位面积围海造陆工程成本（RC）反映集约用海区前期整体开发的投入水平，即围填海造陆主体工程及其配套基础设施建设的投入水平；单位面积投资强度（NI）为集约用海区入驻工业企业投入强度，用来反映集约用海区开发建设的经济效益。

（1）单位面积围海造陆工程成本（RC）

单位面积围海造陆工程成本（RC）是指集约用海区前期土地、基础设施建设所进行的围填海工程投入、基础设施投入等，由公式（3.17）计算可得。

$$RC = (C_a + C_b + C_c)/Sl \qquad (3.17)$$

式中：

RC——集约用海区单位面积围海造陆工程成本，单位为万元/hm^2；

C_a——集约用海区围填海工程施工成本，包括填土/石成本、海堤建造成本等费用和接通临时水、电、路费等，单位为万元；

C_b——集约用海区配套基础设施建设费用，即"七通一平"投入费用，单位为万元；

C_c——集约用海区围海造陆工程建设前期投入的其他相关费用，如渔民补偿费用等，单位为万元；

Sl——集约用海区前期开发形成（或者规划）的供出让和招商引资的土地面积，单位为hm^2。

单位面积围海造陆工程成本（RC）为集约用海区主体区域填海造陆及其配套基础设施工程投入总成本；反映集约用海区开发的前期投入强度的大小，与集约用海区总规模、填海造陆平面设计形态、海域自然环境条件、填海造陆材料、施工工艺以及建设周期等因素有关。同等用海规模条件下，不同的平面设计形态，如人工岛、顺岸式填海造陆方式的填海成本不同；而对于不同海湾区域来说，不同的水深条件、底质条件也在很大程度上影响填海造陆成本。单位面积围海造陆工程成本（RC）对用海布局优化具有重要的指示意义。

（2）单位面积投资强度（*NI*）

单位面积投资强度为集约用海区截至评价时日单位面积累计的固定资产投资总额，单位为万元/hm²。其中，固定资产投资额是指各类入驻项目企业为投入运营进行的机器设备、厂房等方面的固定资产投资额，不包括给付的土地出让金（即购买集约用海区前期开发形成的土地费用）。

$$NI = T_i/S_i \tag{3.18}$$

式中：

  NI——集约用海区单位面积投资强度，单位为万元/hm²；

  T_i——集约用海区入驻项目累计的固定资产投资总额，单位为万元；

  S_i——截至评价时日已开发建设项目的用地（填海而形成的土地）和用海面积，单位为公顷。

单位面积投资强度（*NI*）为截至评价时日集约用海区入驻项目累计完成的固定资产投资总额与入驻项目占用土地和海域总面积之比，反映集约用海区招商引资水平、经济生产能力和预期效益，对集约用海区经济增长具有重要影响作用。该指标受开发时间长短的影响较大。在同等条件下，在集约用海区建设初期，平均的单位面积固定资产投资强度比较低，而随着集约用海区开发建设时间的推进和开发利用程度的提高，入驻项目一般会越来越多，追加的总投资和形成的固定资产投资也会越高。因此，单位面积投资强度（*NI*）可以反映三种不同工况下集约用海区工业企业生产经营能力的大小。

单位面积投资强度（*NI*）反映用海布局产生的经济效益。一般地，就单个集约用海区而言，人工岛式、多突堤式和多区块式的空间布局，不仅可以有效增加人工岸线（比如增加深水港口岸线、旅游岸线），同时还可以提升单位岸线和单位面积用海的投资强度。就整个海湾而言，集约用海区块布局位置不同，形成的岸线长度和水域面积不同，单位面积用海投资强度也会不一样。

3.2.2.2 经济指标数据源获取与处理

（1）单位面积围海造陆工程成本（*RC*）

集约用海区开发实行区域连片、整体开发的形式。一般地，其前期开发建设将会委托具有填海造陆工程相关资质的开发企业进行一次性整体开发，包括围海、填海、海堤防护、土地固化处理，甚至"五通一平"、"七通一平"基础设施工程。

对于处于规划阶段的集约用海区，还未实施区域整体围海造陆工程，但是其预先编制的区域建设用海规划、可行性论证报告等相关规划、技术报告资料会对集约用海区土地开发建设进行成本收益分析，可搜集查阅相关资料。若无相关规划报告资料可查，也可参考毗邻海域或者相似工况条件下的已围填海项目的实际施工成本，或者向规划主体单位或前期土地开发企业发放统计调查表（表3.9）。

对于处于正在开发或者大规模开发利用的集约用海区，通过走访、调查土地开发企业，填写围海造陆工程调查表（表3.9）确定该海域实际的单位面积围海造陆工程成本。

表 3.9　集约用海区规划和开发现状总体情况调查汇总

填报单位（盖章）：　　　　　　　　　　　　填报时间：

	项目	内容	备注
总体情况	集约用海区名称		
	集约用海区产业开发功能定位		
	集约用海区规划主体（政府名称、企业名称）		
	集约用海区围海造陆及基础设施开发主体（企业名称）		
规划概况	集约用海区规划总面积		hm²
	集约用海区规划围海造陆面积		hm²
	集约用海区单位面积围海造陆工程估算费用		万元/hm²
	集约用海区规划招商引资总额		万元
	集约用海区单位面积用海投资强度预期		万元/hm²
开发现状	集约用海区开发建设周期		
	集约用海区入驻项目企业个数		
	集约用海区单位面积围海造陆工程实际投入费用		万元/hm²
	集约用海区已开发利用面积		hm²
	集约用海区已完成填海造陆面积		hm²
	集约用海区累计完成固定资产投资额		万元
	集约用海区产业开发总产值		万元，截至评价时日

填报范围：集约用海区规划主体单位、前期土地开发企业或者集约用海区行政管理单位。集约用海区产业开发功能定位填写临港工业、港口建设、旅游、城镇建设等。

（2）单位面积投资强度（*NI*）

对于处于正在开发和大规模开发的集约用海区，入驻工业企业累计的固定资产投资总额和开发利用面积数据的获取是通过向入驻工业企业发放调查表和实际走访调查的形式获得，调查表见表 3.10。

表 3.10　集约用海区入驻工业企业项目投入产出情况调查

填报单位（盖章）：　　　　　　　　　　　　填报时间：

项目	内容	备注
一、企业基本情况		
企业名称		
项目名称		集约用海区内的投资项目
行业类别		
行业代码		
开工年月		未开工，预计时间
竣工年月		预计时间
二、企业投入情况		

项目	内容	备注
预计总投资（万元）		
累计已完成总投资额（万元）		历年累计值
累计已完成固定资产投资额（万元）		历年累计值
三、企业产出情况		现状值
预计产值		投入预计产值
营业收入（万元）		
利润总额（万元）		
四、企业用海/地情况		
用海/地总面积（hm²）		批准的、申请的面积
已开发利用面积（hm²）		已有固定资产投入

　　填报范围：已签订投资协议、已开工建设和已投产项目入驻企业，重点调查集约用海区投资项目的投入产出情况。行业类别和代码，参照《国民经济行业分类》（GB/T 4754—2011）。

　　对处于规划阶段的集约用海区，单位面积投资强度（NI）等于集约用海区规划区域招商引资协议总投资额中的固定资产引资额与规划可供入驻企业开发海域面积的比值。集约用海区规划区域招商引资协议总投资额数据的获取要参考集约用海区的区域建设用海规划，以及集约用海区开发主体单位的实际招商引资情况。

　　在固定资产投资总额不易获取的情况下，可用入驻项目总投资（正在开发和大规模开发）和招商引资协议总投资额（规划阶段）来替代。

3.2.2.3　指标标准化及理想值确定

　　（1）指标标准化方法

　　①单位面积围海造陆工程成本（RC）

　　单位面积围海造陆工程成本（RC）参照表 3.11 确定的分级标准进行标准化赋值。

表 3.11　单位面积围海造陆工程成本分级及标准化赋值参考

RC 均值	等级标准	标准化值
低于 225 万元	Ⅰ区	1.0
225 万～300 万元	Ⅱ区	0.8
300 万～450 万元	Ⅲ区	0.6
450 万～600 万元	Ⅳ区	0.4
600 万元以上	Ⅴ区	0.2

　　②单位面积投资强度（NI）

　　集约用海区单位面积投资强度（NI）指标的标准化处理按照现状值与最低限值、理想值的对比关系来衡量，见表 3.12。

表 3.12　单位面积投资强度（*NI*）分级及标准化赋值参考

NI 指标现状值	投资水平等级描述	标准化值
NI < 最低限值	不理想	0.2
最低限值 ≤ *NI* ≤ 理想值	理想	0.6
NI > 理想值	非常理想	1.0

注：单位面积投资强度 *NI* 的理想值要大于等于现状值，理想值大于最低限值。

单位面积投资强度（*NI*）的最低限值在不同海域等别标准不同，参考表 3.13 确定。不同海域等别参照财政部、国家海洋局联合下发的《关于加强海域使用金征收管理的通知》（财综〔2007〕10 号）执行，如海域等别划分发生调整，则按调整后的标准执行。

表 3.13　集约用海区单位面积投资强度最低限值参照　　　　单位：万元/hm²

海域等别	一等及二等	三等及四等	五等及六等
指标值	≥4 000	≥3 000	≥2 000

（2）指标理想值确定

理想值应依照集中集约用海原则，在符合有关法律法规、国家和地方制定的技术标准、区域建设用海规划等要求的前提下，结合集约用海区开发利用实际确定。理想值原则上应不小于现状值。

理想值确定的方法可以采用目标值法、发展趋势估计法、先进经验逼近法和专家咨询法。具体应用时，可以参考我国开发区土地集约利用评价规程和先进经验做法。

①目标值法：主要是依据集约用海区开发之前编制的区域建设用海规划，另外还结合依托陆域有关用地标准、行业政策等来确定指标理想值。

②发展趋势估计法：在遵循节约集约、合法合规用海原则的前提下，结合集约用海区开发利用状况和趋势估测指标理想值，趋势估计期限宜为 5～10 年。

③先进经验逼近法：借鉴内陆开发区建设经验和国内外其他集约用海区集中集约开发经验，确定指标理想值。

④专家咨询法：选择一定数量的专家咨询确定指标理想值，咨询专家数量为 10～40 人。

有一点要强调的是，要比较的集约用海区或者集约用海区的不同方案，应该采用同样的方法确定指标理想值。主要是确定单位面积用海投资强度。

3.2.2.4　经济指标分值计算

集约用海区用海布局评价指标总分值计算按照公式（3.19）计算：

$$F_i = \sum_{k=1}^{n} (U_{ik} \cdot W_{ik}) \tag{3.19}$$

式中：F_i——经济效益目标总分值；

U_{ik}——k 指标的实现度分值；

W_{ik} ——k 指标权重值；

n——指标个数。

两个指标的权重 W_{ik} 分配可参考如下：单位面积围海造陆工程成本（RC）的权重为 0.4；单位面积投资强度（NI）的权重为 0.6。

3.2.2.5　参考指标

（1）成本收益率

成本收益率为集约用海区效益现值总和与集约用海区开发建设成本现值总和的比值，反映单位投入带来的效益；其详细计算过程见上文所述。

（2）单位面积用海产出强度

①处于规划阶段的集约用海区

单位面积用海产出强度＝集约用海区开发利用总收益/集约用海区总面积；开发利用总收益为各产业开发利用估算的收益之和；其中，填海造陆开发收益，以土地出让金加上对经济发展的贡献来表示；海域产业开发利用形式，如围海养殖，则根据用海功能区布局，以行业平均利润率进行估算。

②处于大规模开发和正在建设中的集约用海区

单位面积用海产出强度＝集约用海区开发利用总收益/已开发利用集约用海区面积。其中，集约用海区开发利用总收益，以实际调查或者修正数据为准，可以用产业增加值（GDP）、工业总产值（工业主导功能定位）、工业增加值、产品销售收入、所有行业利润总额、所有企业营业收入等。实际应用时具体选择哪种计算方法，要综合考虑集约用海区获取数据情况、指标之间的相关性以及应用研究目的。在有较多统计数据可得的情况下，选取利润总额、营业收入等经济效益指标，可以避免与成本收益率产生较强的相关性。

3.2.3　不同工况用海布局经济指标比选试点应用

3.2.3.1　不同工况用海布局经济指标比选计算结果

（1）单位面积围海造陆工程成本（RC）

①天津临港工业区一期工程

根据天津临港工业区统计，一期工程填海工程成本共 40 亿元。围海工程规模为 20 km²。400 000 万元/2 000hm² ＝200 万元/hm²，低于 225 万元/hm²；单位面积围海造陆工程成本分级属于 I 区，指标值为 1.0。

②龙口湾临港高端制造业聚集区一期（龙口部分）

龙口湾临港高端制造业聚集区一期（龙口部分）建设估算总投资 1 994 221.99 万元，填海面积 3 342.71hm²，单位面积围海造陆工程成本为 596.6 万元/hm²，属于 Ⅳ 区，指标为 0.4。

（2）单位面积投资强度（NI）

①天津临港工业区一期工程

采用 2009 年上半年数据进行说明。天津临港工业区一期工程区截至 2009 年上半年单位面积用海投资强度 NI 为 5 906 万元/hm²。该海区属于二等海域等级分区，投资强度最低限值为 4 000 万元/hm²，可见天津临港工业区一期填海区单位面积用海投资强度大于最低限值。

②龙口湾临港高端制造业聚集区一期（龙口部分）

龙口湾临港高端制造业聚集区一期（龙口部分）招商引资协议总投资为 681.3 亿元，总用海面积 $A = 37\ 850$ 亩（2 505 hm²）。计算可得，龙口湾临港高端制造业聚集区单位面积用海投资强度 NI 为 2 720 万元/hm²，大于规划时确定的投资预期标准即2 700 万元/hm²。龙口海域属于三等海域，单位面积投资强度最低限值为 3 000 万元/hm²，很明显龙口海域目前的投资强度低于最低限值。

根据两个集约用海区产业定位，选定行业"37 交通运输设备制造业"查阅《工业项目建设用地控制指标》发现，天津临港工业区属于二类五等，工业项目投资强度标准为≥3 105；龙口湾临港高端制造业聚集区一期（龙口部分）属于四类九等，工业项目投资强度标准为≥1 555，天津临港工业区一期和龙口湾临港高端制造业聚集区一期（龙口部分）都远大于《工业项目建设用地控制指标》所确定的工业项目投资强度控制指标。

天津临港工业区一期工程区是环渤海地区经济效益较高的集约用海区，本研究认为天津临港工业区一期工程区单位面积用海投资强度现值即为理想值，则其指标值为1.0。龙口湾临港高端制造业聚集区一期（龙口部分）也采用天津临港工业区一期工程用海投资强度现值为理想值，则龙口湾临港高端制造业聚集区一期（龙口部分）单位面积用海投资强度大于最低限制但小于理想值，其指标值为0.6。

（3）经济指标综合分值计算

根据公式（3.19）计算两个集约用海区的总得分值。两个集约用海区规划和开发现状总体情况调查汇总表分别见表3.14 和表3.15。

天津临港工业区一期工程：单位面积围海造陆工程成本指标分值×0.4 + 单位面积投资强度指标分值×0.6，即 1.0×0.4 + 1.0×0.6 = 1.0。

龙口湾临港高端制造业聚集区一期（龙口部分）：单位面积围海造陆工程成本指标分值×0.4 + 单位面积投资强度指标分值×0.6，即 0.4×0.4 + 0.6×0.6 = 0.52。

从经济指标上来看，天津临港工业区一期工程用海布局优于龙口湾临港高端制造业聚集区一期（龙口部分）用海布局。

表 3.14　龙口湾临港高端制造业聚集区一期（龙口部分）规划和开发现状总体情况调查汇总

	项目	内容	备注
总体情况	集约用海区名称	龙口湾临港高端制造业聚集区一期（龙口部分）	
	集约用海区产业开发功能定位	以海洋装备制造为主的先进制造业集聚区；发展重点为海洋工程装备制造业、临港化工业、能源产业、物流业	
	集约用海区规划主体（政府名称、企业名称）	龙口市人民政府	
	集约用海区围海造陆及基础设施开发主体（企业名称）	龙口南山集团	

项目		内容	备注
规划概况	集约用海区规划总面积	5 451.74	hm²
	集约用海区规划围海造陆面积	3 342.71	hm²
	集约用海区单位面积围海造陆工程估算费用	596.6	万元/hm²
	集约用海区规划招商引资总额	681.3	亿元
	集约用海区单位面积用海投资强度预期	2 700	万元/hm²
开发现状	集约用海区开发建设周期	5	年
	集约用海区入驻项目企业个数	0	
	集约用海区单位面积围海造陆工程实际投入费用	0	万元/hm²
	集约用海区已开发利用面积	0	hm²
	集约用海区已完成填海造陆面积	0	hm²
	集约用海区累计完成固定资产投资额	0	万元
	集约用海区产业开发总产值	0	万元，截至评价时日

填报范围：集约用海区规划主体单位、前期土地开发企业或者集约用海区行政管理单位。集约用海区产业开发功能定位填写临港工业、港口建设、旅游、城镇建设等。

表 3.15　天津临港工业区一期规划和开发现状总体情况调查汇总

项目		内容	备注
总体情况	集约用海区名称	天津临港工业区一期工程	
	集约用海区产业开发功能定位	我国北方以重型装备制造为主导的生态型临港工业区，主要发展重型装备制造产业及研发、物流等现代服务业	
	集约用海区规划主体（政府名称、企业名称）	天津临港工业区管理委员会	
	集约用海区围海造陆及基础设施开发主体（企业名称）	天津港集团	
规划概况	集约用海区规划总面积	2 000	hm²
	集约用海区规划围海造陆面积	2 000	hm²
	集约用海区单位面积围海造陆工程估算费用	348	万元/hm²
	集约用海区规划招商引资总额	1 200	亿元
	集约用海区单位面积用海投资强度预期	—	万元/hm²

项目		内容	备注
开发现状	集约用海区开发建设周期	5	年
	集约用海区入驻项目企业个数	35	
	集约用海区单位面积围海造陆工程实际投入费用	200	万元/hm²
	集约用海区已开发利用面积	1 012.6	hm²
	集约用海区已完成填海造陆面积	2 000	hm²
	累计招商引资协议额	598.1	亿元
	累计招商引资预计总产值	717.72	亿元
	集约用海区累计完成固定资产投资额	0	万元
	集约用海区产业开发总产值	0	万元，截至评价时日
	集约用海区单位面积投资强度	5 906	万元/hm²，截至评价时日

备注：限于数据所限，只统计到2009年上半年数据，后因临港工业区与产业区合并，无法准确区分临港工业区经济指标。

3.2.3.2 不同工况用海布局优化调整方向及管理对策

采用上述集约用海布局优化评估指标，可以实现对不同集约用海区经济效益的比较，以便从经济角度提出用海布局优化调整的方案或者建议，但是，对于规划中、正在建设和已大规模开发三类集约用海区，应该具体问题具体分析，针对区域特点和产业类型，提出相应的优化调整方案，见表3.16。

（1）规划中的集约用海区

对于规划中的集约用海区，需要做好统一规划，对不同规划方案进行集约用海布局优化评估经济指标的比对分析，通过估算成本、投资强度和预期收益率等指标，确定经济效益最高的用海布局。一般来说，对于规划中的集约用海区的产业发展类型和用海布局，需要更加注重与相邻陆域产业发展的结合，协调所在区域的土地利用规划、城市总体规划和社会经济发展规划，这样便于与陆域产业形成较强集聚优势和产业优势。用海布局方面，尽量采用人工岛式、多突堤式和多区块式的空间布局，以延长人工岸线，保护自然岸线，降低对生态环境的影响。用海功能分区，尽量相得益彰，形成结构优化的功能布局，可采用景观生态学和经济地理学的一些方法，对其进行布局方案比选，避免集约用海区各园区之间存在产业功能方面的重叠。

（2）已大规模开发的集约用海区

对于已大规模开发的集约用海区，需要建立用海区投资收益明细表，每年统计用海区维护成本、生态环境保护费用以及经济收益方面的数据。为了进一步提高集约用海区经济效益，避免出现集约用海区功能分区结构不合理、生态环境质量下降、海域资源闲置浪费等现象，建议再补充计算几个经济指标，包括集约用海区建筑容积率和建筑密度、用海比较效益。计算已填海形成土地区域的土地容积率和建筑密度，提高填海区土地集约利用效益。不详细计算投入产出比，只设定投资强度比率，提高海域开发利用的效益，比如对于工业用海类型，要求用海项目的投资强度必须达到每公顷 5 000 万元以上或者单位岸线限值，或者说对土地投资强度较高、土地利用率较高的项目用地适当地给予价格优惠。计算用海比较效益是区块与集约用海区用海效益之比。集约用海区用海效益是整个用海区的总收入与用海面积之比。这一指标反映宗海或园区经济指标与用海区平均水平之间的关系。大规模集约用海区未来的海域开发利用，需要做出科学的规划和需求预测，主要用于满足重大项目的用海需求，解决陆域用地不足的问题。这应结合当地的经济发展水平以及集约用海区发展的需要，不可盲目扩张。优化调整集约用海区的基础设施建设、行政管理及生活服务设施，提高区域性社会资源的共享程度。加强集约用海区各个企业之间的联系，以大型骨干企业为中心，发展横向综合开发的企业群，形成优势产业群体，发挥集聚效应，以提高工业容积率与集聚度。

（3）正在建设中的集约用海区

对于正在建设中的集约用海区，要做好动态监视监测，根据市场经济行情和工程建设施工情况，适时调整指标计算方式和参考值，继续开展生态环境影响和成本效益评估，分析正在建设中的围填海工程给周围生态环境和海域开发利用以及陆域产业发展带来的影响。对于产生明显消极影响的填海工程或者产业发展类型，要采取必要的措施，及时调整和弥补其所造成的不良影响。这些措施，可以包括提高集约用海区项目准入门槛，要求用海项目的投资强度必须达到相应限值以上。应加强对集约用海区海域使用情况和土地利用情况的监督检查，对已取得海域使用权或者办理土地使用权证者，督促其按照海域和土地有偿使用合同实施项目建设，杜绝圈而不建的情况出现。

表 3.16　不同工况集约用海区用海布局优化调整建议

不同工况	经济指标评估	用海布局调整优化建议
规划中	采用成本—效益评估方法进行方案比选	做好需求预测，统一规划，与陆域产业发展相配套； 规划中要明确总体布局、功能分区和用海布置方案； 科学论证，计算成本效益比率，功能分区方案比选，延长人工岸线长度和曲折率，提高集约用海利用率； 确定合理的施工方案，控制填海建设和施工成本
正在建设中	用海经济效益评价指标体系评估已完成部分；基于实际工程耗费和收益，进行未利用部分的建设利用方案调整	做好项目施工与生态环境动态监视监测，并加强执法力度，杜绝圈占现象； 调整、优化功能分区和施工方案，减少施工成本和间接成本，把损失降到最小； 发挥区位优势，加强产业配合，优化产业结构，规范和提高项目准入门槛，以提高经济效益

不同工况	经济指标评估	用海布局调整优化建议
已大规模开发中	用海经济效益评价指标体系评估经济效益；建立用海区投资收益明细表；就围海造陆部分可增加建筑容积率和建筑密度，用海比较效益等指标。再者，可以进行资源环境承载能力的分析	制定科学合理的区域基准地价，设定投资强度比率，提高海域开发利用效益，主要用于满足重大项目的用海需求； 优化调整集约用海区的市政基础设施，加快建设环境基础设施，提高区域性社会资源的共享程度； 加强集约用海区内部联系，促进产业联合，发挥集聚效应，以提高用海区工业容积率与集聚度； 发挥市场配置机制，促进海域使用权流转和拍卖，征收土地、海域闲置费； 优化调整集约用海区土地和海域利用结构和布局，形成功能合理的组团，提升总体竞争力； 构建生态用地格局，减少用海区的维护成本和生态环境补偿费用

3.3 景观格局分析

3.3.1 湿地景观格局分析指标提取

3.3.1.1 湿地景观指标

（1）景观格局指数的选择

基于 ArcGIS 软件，将 2000 年、2005 年和 2010 年三个时期的湿地景观图转换成 30 m×30 m 的栅格，并选取了一系列不存在冗余关系的景观指标来研究莱州湾湿地景观的破碎化程度、斑块间的连贯性与离散性、斑块形状复杂程度、生物多样性等，并利用 FRAGSTATS 3.3 景观指标计算软件，来计算以上几个指标。指标如下。

①斑块类型水平上：选择斑块面积（Total Class Area，CA）、斑块个数（Number of Patches，NP）、斑块类型百分比（Percentage of Landscape，PLAND）、最大斑块指数（Largest Patch Index，LPI）、斑块结合度（Patch Cohesion Index，COHESION）5 个指数。

②景观水平上：选择了蔓延度指数（Contagion Index，CONTAG）、斑块个数（Number of Patches，NP）、景观形状指数（Landscape Shape Index，LSI）、斑块密度结合度指数（Patch Cohesion Index，COHESION）、香农均度指数（Shannon's Evenness，SHEI）、香农多样性指数（Shannon's Diversity Index，SHDI）6 个指数。

（2）斑块类型上的指数计算公式及意义

①斑块面积

$$CA = \sum_{j=1}^{n} a_{ij} \times \frac{1}{10\ 000} \tag{3.20}$$

式中：a_{ij} 为各斑块的面积（m²）。

②斑块个数

$$NP = n_i \tag{3.21}$$

③斑块类型百分比

$$PLAND = \frac{\sum\limits_{j=1}^{n} a_{ij}}{A} \times 100 \qquad (3.22)$$

式中：a_{ij} 为各斑块的面积（m^2）；A 为总的景观面积。

④最大斑块指数

$$LPI = \frac{\max\limits_{j=1}^{n}(a_{ij})}{A} \times 100 \qquad (3.23)$$

式中：a_{ij} 为各斑块的面积（m^2）；A 为总的景观面积。

⑤斑块结合度

$$COHESION = \left[1 - \frac{\sum\limits_{j=1}^{n} P_{ij}}{\sum\limits_{j=1}^{n} P_{ij} \sqrt{a_{ij}}} \right] \left[1 - \frac{1}{\sqrt{A}} \right]^{-1} \times 100 \qquad (3.24)$$

式中：P_{ij} 是各斑块的周长；a_{ij} 为各斑块的面积（m^2）；A 为总的景观面积。

（3）景观类型上的指数计算公式及意义

①蔓延度指数

$$CONTAG = \left[1 + \frac{\sum\limits_{i=1}^{m} \sum\limits_{k=1}^{m} \left[(P_i)\left(\frac{g_{ik}}{\sum\limits_{k=1}^{m} g_{ik}}\right) \right]\left[\ln(P_i)\left(\frac{g_{ik}}{\sum\limits_{k=1}^{m} g_{ik}}\right) \right]}{\ln(m)} \right] \times 100 \qquad (3.25)$$

式中：P_i 为斑块类型占整个景观的比重；g_{ik} 为与斑块 i、k 邻近的斑块数；m 为镶嵌在景观中的斑块个数，包括现在的景观边界。

• $75 \leqslant CONTAG \leqslant 100$ 时，为高度集聚，破碎化程度较小，当 $CONTAG$ 为 100 时表明所有的斑块高度集中，并且整个景观仅包括一个斑块类型；

• $50 \leqslant CONTAG < 75$ 时，为中度集聚，破碎化程度一般；

• $0 \leqslant CONTAG < 50$ 时，为低度集聚，当 $CONTAG$ 数值越小，表明斑块越分散，各类型的斑块数增加，破碎化程度增加。

②斑块密度结合度指数

$$COHESION = \left[1 - \frac{\sum\limits_{i=1}^{m} \sum\limits_{j=1}^{n} P_{ij}}{\sum\limits_{i=1}^{m} \sum\limits_{j=1}^{n} P_{ij} \sqrt{a_{ij}}} \right] \left[1 - \frac{1}{\sqrt{A}} \right]^{-1} \times 100 \qquad (3.26)$$

式中：P_{ij} 为斑块 ij 的周长；a_{ij} 为 斑块 ij 的面积；A 为景观中所有的单元格。

③香农均度指数

$$SHEI = \frac{-\sum\limits_{i=1}^{m} \left[P_i \cdot \ln(P_i) \right]}{\ln(m)} \qquad (3.27)$$

式中：P_i 为斑块类型 i 占整个景观的比重；m 为镶嵌在景观中的斑块个数，不包括景观边界。

④香农多样性指数

$$SHDI = -\sum_{i=1}^{m} (P_i \cdot \ln P_i) \qquad (3.28)$$

式中：P_i 为斑块类型 i 占整个景观的比重。

⑤景观形状指数

$$LSI = \frac{E}{\min E} \qquad (3.29)$$

式中：E 为景观中单元格的边界总长度，包括所有的景观边界和背景的边缘；$\min E$ 为景观中单元格的最小边缘长度。

3.3.1.2　莱州湾景观格局演化的特征分析

（1）景观类型水平上分析

2000—2010 年研究区的斑块个数 NP 增加了 7.34%，形状指数 LSI 增加了 12.93%（表 3.17），表明 10 年间莱州湾的人类活动在加强，随着用海项目的增加，湿地景观的破碎化程度也在增加。

蔓延度指数（$CONTAG$）是反映斑块分布状态的常用指标，描述景观不同斑块类型的团聚程度或延展趋势。2000—2010 年，莱州湾蔓延度指数下降了 1.753 6，说明研究区景观类型呈现分散状态，景观分离程度较大；斑块密度结合度指数 $COHESION$ 是指某一种斑块类型与其周围相邻斑块类型的空间连通程度。研究区景观类型的斑块结合度指数均在 99 以上，说明各景观类型具有高度的连通性。尽管人类活动导致了莱州湾湿地景观的破碎化程度在增加，但是分散的各斑块之间仍有较好的联通性，其物质流、能量流、信息流没有被打破，表明了莱州的湿地生态系统正向着良性趋势发展。

香农多样性指数（$SHDI$）的生态意义：$SHDI$ 是一种基于信息理论的测量指数，在生态学中应用很广泛。该指标能反映景观异质性，特别对景观中各拼块类型非均衡分布状况较为敏感，即强调稀有拼块类型对信息的贡献，这也是与其他多样性指数不同之处。在比较和分析不同景观或同一景观不同时期的多样性与异质性变化时，$SHDI$ 也是一个敏感指标。如在一个景观系统中，土地利用越丰富，破碎化程度越高，其不定性的信息含量也越大，计算出的 $SHDI$ 值也就越高。景观生态学中的多样性与生态学中的物种多样性有紧密的联系，但并不是简单地呈正比关系，研究发现在景观中二者的关系一般呈正态分布。

香农均度指数（$SHEI$）的生态意义与 $SHDI$ 指数一样，也是比较不同景观或同一景观不同时期多样性变化的一个有力手段。而且，$SHEI$ 与优势度指标之间可以相互转换，即 $SHEI$ 值较小时优势度一般较高，可以反映出景观受到一种或少数几种优势拼块类型所支配；$SHEI$ 趋近 1 时优势度低，说明景观中没有明显的优势类型且各拼块类型在景观中均匀分布。

2000—2010 年间，莱州湾 $SHEI$ 指数、$SHDI$ 指数分别增加了 0.027 1、0.079 8，表明 10 年来莱州湾的生物多样性正处于一个好转的趋势，由于湿地保护区的建立及其当地政府、居民环境意识的提高与转变，使得整个莱州的生态与环境状况得到改善。

表 3.17　莱州湾景观级别上的景观指数

年份	*CONTAG*	*NP*	*LSI*	*COHESION*	*SHEI*	*SHDI*
2000	70.980 3	17 188	86.900 8	99.892 8	0.511 5	1.506
2005	70.409 4	16 989	87.594 6	99.889 9	0.522 4	1.538 2
2010	69.226 7	18 449	98.139 3	99.833 7	0.538 6	1.585 8

（2）类型水平上分析

①斑块类型百分比（*PLAND*）（%）

2000—2010 年，莱州湾旱地景观在整体景观中所占的比例（*PLAND*）始终处于最大状态，表明旱地研究区的基质类型，组成了景观的最大斑块。

通过分析莱州湾各湿地类型在整个景观类型中的比例的变化趋势（表 3.18），发现：人工湿地类型（水田、运河/水渠、盐田）的比重在 10 年间处于增加趋势；而自然湿地类型（草甸湿地、灌丛湿地、滩涂等）则处于减小趋势，表明了 2000—2010 年间，由于人类用海活动的影响，使得各种湿地类型所占的比重，发生了根本性的变化，人类活动的加强使得整个莱州湾的人工湿地的比重在增加。

表 3.18　2000—2010 年莱州湾湿地景观 *PLAND* 变化趋势

	2000 年	2005 年	2010 年
草甸湿地	4.733 2	4.207	4.337 1
灌丛湿地	1.218 3	2.135 1	0.298 4
湖泊	0.526 3	0.556 6	0.579 1
水库/坑塘	3.992 2	4.469	3.355
河流	1.053 3	1.195	1.248
运河/水渠	0.148 5	0.085 6	0.251 2
水田	0.016 5	0.011 4	0.352 8
盐田	4.599	6.606 2	9.427
滩涂	5.514 5	4.167 6	2.955 5

②斑块面积（*CA*）（hm²）

CA 的生态意义：*CA* 是景观的组分，也是计算其他指标的基础。其值的大小制约着以此类型拼块作为聚居地（Habitation）的物种的丰度、数量、食物链及其次生种的繁殖等，如许多生物对其聚居地最小面积的需求是其生存的条件之一；不同类型面积的大小能够反映出其间物种、能量和养分等信息流的差异，一般来说，一个拼块中能量和矿物养分的总量与其面积成正比；为了理解和管理景观，我们往往需要了解拼块的面积大小，如所需要的拼块最小面积和最佳面积是极其重要的两个数据。图 3.2 为 2000—2012 年莱州湾湿地景观 *CA* 变化趋势图。

③斑块个数（*NP*）

NP 的生态意义：*NP* 反映景观的空间格局，经常被用来描述整个景观的异质性，

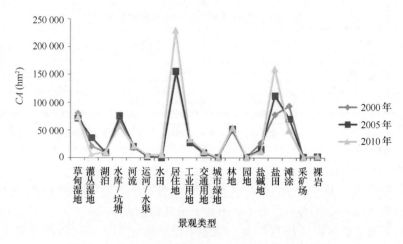

图 3.2　2000—2012 年莱州湾湿地景观 *CA* 变化趋势

其值的大小与景观的破碎度也有很好的正相关性，一般规律是 *NP* 大，破碎度高；*NP* 小，破碎度低。*NP* 对许多生态过程都有影响，如可以决定景观中各种物种及其次生种的空间分布特征；改变物种间相互作用和协同共生的稳定性。而且，*NP* 对景观中各种干扰的蔓延程度有重要的影响，如某类拼块数目多且比较分散时，则对某些干扰的蔓延（虫灾、火灾等）有抑制作用。图 3.3 为 2000—2010 年莱州湾湿地景观 *NP* 变化趋势图。

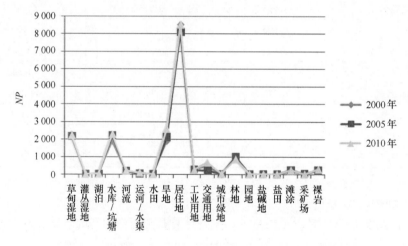

图 3.3　2000—2010 年莱州湾湿地景观 *NP* 变化趋势

　　2000—2010 年，研究区内居住地的个数最大，对于各湿地景观类型来说，草甸湿地、水库/坑塘、河流、运河/水渠、水田、盐田等湿地类型的 *NP* 处于增加状态，而滩涂的 *NP* 正处于下降趋势（表 3.19）。表明，由于人类活动的影响，造成了滩涂等自然湿地的减小。

表 3.19 2000—2010 年莱州湾湿地景观 *NP* 变化趋势

	2000 年	2005 年	2010 年
草甸湿地	2 242	2 173	2 225
灌丛湿地	14	12	14
湖泊	31	19	29
水库/坑塘	1 895	2 205	2 295
河流	190	197	223
运河/水渠	86	37	109
水田	5	2	8
盐田	12	11	20
滩涂	272	244	238

④最大斑块指数（*LPI*）

最大斑块指数是指各景观类型的最大斑块面积与景观总面积之比，是一种简单的优势度衡量法。

从图 3.4 可以看出，有几种湿地类型的最大斑块指数 *LPI* 处于增加状态，表明了 10 年间莱州湾湿地的优势度增加，湿地生态系统得到好转。

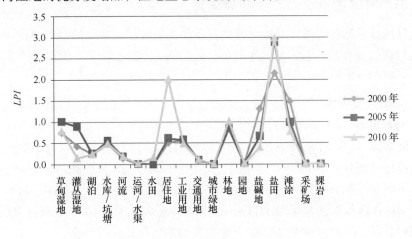

图 3.4 2000—2010 年莱州湾湿地景观 *LPI* 变化趋势

⑤斑块结合度（*COHESION*）

2000—2010 年间，研究区内各个湿地景观类型的斑块结合度指数均在 90 以上，说明各景观类型具有高度连通性，表明尽管湿地生态系统受到人类活动的影响，但是各斑块间越来越聚集，连接性也在增加，保持着整个湿地生态系统的完整性。图 3.5 为 2000—2010 年莱州湾湿地景观 *COHESION* 变化趋势图。

本研究中，湿地景观类型斑块过于分散，形成了一些细小的独立系统，但在破碎系统内部斑块间的空间距离较近，相邻斑块类型间的连通性较高。因此，它们之间的物

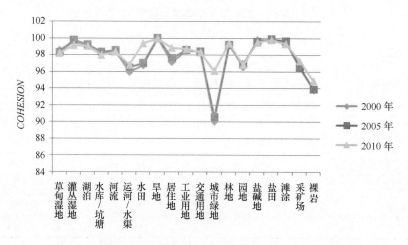

图 3.5　2000—2010 年莱州湾湿地景观 *COHESION* 变化趋势

质、能量和信息仍可以相互转化、传递，斑块间的相互作用较高，更易发挥互利互惠原则，因此这种系统的结构和功能更好，表明了莱州湾湿地生态系统在 10 年间得到了好转。

3.3.2　莱州湾湿地信息提取与动态变化

本项目选择了拥有莱州湾沿海岸线的县市作为研究区，莱州湾沿岸县市主要为：东营市（河口区、垦利县、利津县、东营区、广饶县）、潍坊市（寿光市、寒亭区、昌邑市）、烟台市（莱州市、招远市、龙口市），共 11 个县市（图 3.6）。

3.3.2.1　图像预处理

（1）数据准备

从中国资源卫星中心免费下载的 2010 年的 HJ–1/CCD 影像，影像数据均无云且质量好，其成像日期分别 2010 年 8 月 16 日、2010 年 12 月 28 日，轨道号分别为 455/70。从中国科学院对地观测中心下载了 Landsat5 TM 遥感影像轨道号 121/34、121/35、120/34（表 3.20），以及免费下载 ASTER–GDEM V2 版本的 30 m DEM 数据和 2005 年 1:25 万土地利用数据、2000 年全国 1:100 万植被类型图，用作参考数据。

表 3.20　遥感数据源清单

传感器	年份	121/34	121/35	120/34
Landsat5 TM	2010	2010–09–11	2009–05–19	2009–07–15
		2009–05–19	2010–01–14	
HJ/CCD	2010			2010–08–16
				2010–12–28

续表

传感器	年份	121/34	121/35	120/34
Landsat5 TM	2005	2004 – 09 – 10	2005 – 08 – 12	2006 – 10 – 27
		2006 – 10 – 02	2004 – 09 – 10	
Landsat7 ETM +	2000	2000 – 05 – 02	2000 – 05 – 02	2000 – 09 – 16
		2000 – 02 – 28	2000 – 02 – 28	2000 – 03 – 08

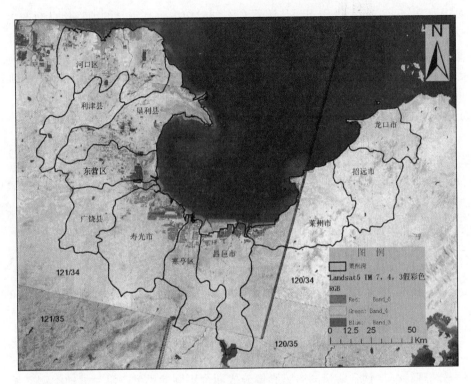

图 3.6　莱州湾范围示意图

（2）几何精校正

从中国科学院对地观测与数字地球科学中心数据共享平台（http：//ids. ceode. ac. cn/query. html）上下载的 Landsat TM 影像已经过几何精纠正处理，因此，以该数据作为几何精校正的基础底图，来校正部分 HJ/CCD 数据。

由于环境小卫星的轨道变化较大，HJ/CCD 卫星影像的覆盖范围较大，因此，在对 HJ/CCD 数据进行几何精校正的时候，地面控制点要适度增加，并且将 HJ/CCD 裁剪一部分。

在 ENVI 4.8 遥感图像处理软件环境下，将覆盖研究区的经过几何精校正的 Landsat 5 TM 影像为几何精校正参考图像，采用图像到图像的配准方法，对 HJ/CCD 遥感影像进行几何精校正。每幅图像选择不少于 30 个地面控制点，均匀分布，采用二次多项式进行几何校正，均方根误差小于 0.5，用最邻近法进行重采样。

（3）辐射校正

对遥感数据进行辐射校正，主要包括辐射定标、大气校正两部分。

辐射定标主要是校正传感器所产生的误差，经过辐射定标的遥感图像所记录的表观反射率是大气反射率及地面反射率之和。

大气校正，主要利用大气辐射传输模型、经验模型等来消除大气对反射率造成的影响，从表观反射率中剔除大气反射率来获取地面真实反射率的过程，最终达到消除山体阴影、时相差异带来影像误差的效果。

对于湿地遥感监测，由于卫星传感器在不同时期内，其记录的地物信息会产生一定的变化，因此为了正确地反映长时间序列的遥感卫星数据对湿地信息的探测，消除光学传感器的这种缺点，本书利用辐射定标的方法，将遥感图像的 DN 值转变为表观反射率。同时，考虑到缺少当时地面的大气观测实际资料，因此，仅用表观反射率来进行衡量，将各时相的遥感数据统一到相同的级别。

表观反射率的计算公式如下：

$$\rho = \frac{\pi(L_\lambda - L_d)}{\tau_v(E_0 \cos\theta_Z \tau_Z + E_d)} \tag{3.30}$$

式中：ρ 是表观反射率；L_λ 是大气层顶进入卫星传感器的光谱辐射亮度（$W\ m^{-2}\ um^{-1}$）；L_d 是大气层反射；E_0 是大气层顶的平均太阳光谱福照度（$W\ m^{-2}\ um^{-1}$）；θ_Z 是太阳天顶角，τ_v 是传感器到地面的传输距离，τ_Z 是日地间传输距离；E_d 是向下散射福亮度（$W\ m^{-2}\ um^{-1}$）。

$$L_\lambda = \frac{L_{\max\lambda} - L_{\min\lambda}}{QCAL_{\max} - QCAL_{\min}} \times (QCAL - QCAL_{\min}) + L_{\min\lambda} \tag{3.31}$$

式中：L_λ 是各波段每个像元的辐射亮度值（$W\ m^{-2}sr^{-1}um^{-1}$）；$QCAL$ 为某一像元的 DN 值，$L_{\max\lambda}$、$L_{\min\lambda}$ 分别是 $QCAL_{\max}=255$ 和 $QCAL_{\min}=1$ 时的光谱辐射亮度值（$Wm^{-2}sr^{-1}um^{-1}$），$QCAL_{\max}=255$，$QCAL_{\min}=1$。

（4）数据裁剪

根据地理特征将整个莱州湾遥感影像分成两个不同的类型：沿海湿地类型区域、内陆耕地区域。划分的原则是：保证每个区域内的地物类型都要保持均一性，可以避免大区域复杂地物产生的异物同谱造成的误差，便于湿地类型的信息高精度提取。同时，小范围的研究区对计算机硬件的要求较低，便于推广。

将 ASTER－GDEM V2 版本数据（30 m 空间分辨率）投影到与遥感影像，并进行相同大小的裁剪，该数据作为辅助数据应用于湿地遥感分类。同样，将 2005 年 1∶25 万土地利用数据、2000 年全国 1∶100 万植被类型图重投影并裁剪到相同大小的级别上，用于遥感分类的训练样本选择及参考。

3.3.2.2 湿地遥感分类体系及解译标志库建立

（1）研究区湿地遥感分类体系

本节参考《世界湿地公约》与《全国湿地资源调查与监测技术规程》中的湿地分类标准、研究区实际状况以及 TM 遥感影像的分辨率，来建立适合研究区的分类标准，见表 3.21。

表 3.21　研究区的湿地分类标准

Ⅰ	Ⅱ	Ⅲ	说明	代码
湿地	自然湿地	河流	呈带状、边界清晰	36
		滩涂	潮间带泥滩、沙滩和海岸其他咸水沼泽	73
		草甸湿地	具有草甸信息，主要植被是芦苇、翅碱蓬等	31
		灌丛湿地	主要植被是柽柳等灌丛	32
		湖泊	大然水体，面积较大	34
	人工湿地	稻田	包括灌溉渠系和稻田	41
		水库/坑塘	水库、拦河坝、堤坝形成的面积一般大于 8 hm² 的储水区	35
		盐田	格网状，较为规则，边界清晰	72
		运河/水渠	有水体信息，呈长条形	37
非湿地	工业用地		滨海地区的石油化工基地等	52
	居民用地		颜色较亮并与植被混合	51
	交通用地		主要是道路等	53
	采矿场		采石场等	74
	林地		农田防护林及山区、丘陵地区的林地	62
	园地		丘陵地区的苹果园、葡萄园等	63
	城市绿地		城市内部的植被	61
	裸岩		山区、丘陵裸露的岩石等	75
	旱地		旱作的耕地	42

（2）解译标志库建立

在确定湿地分类体系之后，建立遥感解译标志是进行湿地信息提取的关键一环。解译标志主要从遥感图像本身、高空间分类影像、野外地面调查、已有数据资料等途径来获取。

湿地信息解译标志数据库的各指标，主要是体现遥感数据的光谱信息、时间信息、纹理信息及海拔、坡度、坡向、空间位置等地理信息。解译标志数据库各指标信息的定量化表达及组合，便是湿地信息提取的过程。

3.3.2.3　湿地信息提取

1）主要地物覆盖信息特征波段分析

（1）耕地信息提取

由于耕地上作物具有不同的播种历，造成了作物在遥感影像上具有不同的光谱反射信息。特别是休耕地，其光谱与有作物覆被的耕地具有极大的区别，在遥感信息提取中，往往表现为裸地信息。而自然植被，如林、灌草地在其生长季的归一化植被指数（NDVI）值较稳定，因此可利用多期的遥感影像的 NDVI 数值之和来获取耕地信息。

对于耕地中的水田与旱地信息，除了播种历的差异及收割后的裸地背景差异（水稻收割后，会有水体信息的存在），旱地与水田对水分的依赖造成的地理空间分布也是水田与旱地区分的特征之一。

（2）林地信息提取

林地信息提取，主要集中在针叶林与阔叶林的区分。在遥感影像标准假彩色的影像（Band4，Band3，Band2）上，生长季针叶林颜色表现为暗红而阔叶林则为深红色。另外，海拔、坡度、坡向也会对植被的分布产生一定影响，因此这些地形因素也可作为植被类型分类的特征波段。时间序列的数据会提供植被的生长季与非生长季信息，这样便会获取植被的落叶与常绿等信息。

（3）盐碱地信息提取

在遥感影像标准假彩色的影像（Band4，Band3，Band2）上，呈现很强烈的反射率，并且主要分布在离海岸线较近的区域，地下水位较浅。可以利用 LBV 变换的 L 组分，来提取盐碱地地信息。

LBV 变换是最早由曾志远提出的一种卫星图像数据与信息提取方法。卫星遥感图像反映出来的三个最重要的地物辐射特征是：L（General Radiance Level）表示地物的总辐射水平；B（Visible – Infrared Radiation Balance）表示可见光—红外光辐射平衡；V（Band Radiance Variation Vector – direction and speed）表示地物辐射随波段变化的方向和速度向量。地物总辐射越强，L 值越大，与裸地的光谱特性越相一致；地物可见光辐射越强，红外辐射越弱，B 值越大，与水体的光谱特性越相一致；地物辐射随波段变化越急剧，V 值越大，与植被的光谱特性越相一致。适用于 Landsat TM 影像的 LBV 变换的方程式如下：

$$L = 1.507599TM_2 - 0.066392TM_3 - 1.382209TM_4 + 1.733790TM_5 + 11$$
$$B = 1.126971TM_2 + 0.673348TM_3 + 0.077966TM_4 - 1.878287TM_5 + 159$$
$$V = 1.636910TM_2 - 3.396809TM_3 + 1.915944TM_4 - 0.156048TM_5 + 121$$

（4）水体信息提取

水体强烈吸收入射的太阳光能量，所以在多数遥感传感器的波长范围内，呈现出较弱的反射率，并随着波长的增加而逐步减弱。由于从可见光到中红外波段，水体的反射率逐渐减弱，特别在近红外、中红外及短波红外部分吸收性最强，几乎无反射，而植被、土壤、建筑物等地物在红外波段范围具有较高的反射特性，与水体的差异性较大，因此，利用可见光、红外波段可以自动提取水体信息。常用的归一化水体指数（Normalized Difference Water Index，NDWI）及修正的水体归一化指数（Modified Normalized Difference Water Index，MNDWI）均被证明是较好的水体识别指数。

本书中的水体信息主要包括 4 种：湖泊、水库/坑塘、河流、运河/水渠。这 4 种水体类型的区别，则主要通过其面积、形状等特征识别。其中，河流、运河/水渠属于"线状"地物，属于细小水体信息，因此在进行水体信息提取的时候，需要进行多尺度分割。

（5）草甸、灌丛湿地信息提取

草甸湿地、灌丛湿地的空间分布也主要是分布在近海区域，与滩涂邻近，其地表覆盖分别是草甸、灌丛。草甸湿地地表覆盖的优势物种主要是芦苇、翅碱蓬等，在遥感标准假彩色影像上表现为纹理较为均一，颜色较为鲜红，可以利用遥感影像的方差信息进行识别。而灌丛湿地在遥感标准假彩色影像上表现为暗红色。

（6）滩涂信息提取

滩涂主要分布在海岸线边上，暂时没有植被覆盖信息，表现为裸露状态。但是，由于有水分的影响，其在遥感影像的标准假彩色影像上表现为暗灰色。

（7）线状地物信息提取

在本书的湿地分类系统，河流、运河/水渠以及道路是典型的"线状地物"。线状地物提取的时候，其连续性是个重要的问题。分割尺度、形状因子的选择是线状地物合理提取的重要环节。

（8）建筑物信息提取

本书中的建筑物信息主要包括：居住地、工业用地及采矿场。建筑物的反射率较高，因此在遥感标准假彩色影像上表现较亮。因此，可以利用归一化建筑物指数等特征波段来提取建筑物信息。

对于建筑物中的居住地、工业用地及采矿场的光谱曲线也存在着一定的差异。居住地周围存在大量的植被信息，在标准假彩色遥感影像上表现为在高亮的居住地四周存在大量的红色植被信息，并且有些存在时间久的居民区的建材使得居住地呈现出较低的反射率，可能与水体信息造成一定的混淆；工业用地则由于存在时间、建筑材料及周围较少的植被信息等原因，使得工业用地的反射率极高；而采矿场除了在光谱曲线上有一点差异之外，其形状及分布的海波、坡度都是识别的特征。

（9）园地、城市绿地信息

作为"点缀性"图斑，园地与城市绿地都有典型的地理空位分布，其光谱信息的差异较微弱，但其地理空间分布特征信息便是识别园地与城市绿地的主要特征。

对于城市绿地，主要是指分布于城市范围内的草地、灌木及乔木。因此，在识别城市信息后，在其范围内的植被信息便是城市绿地信息。

对于园地，主要分布在烟台市丘陵地区，主要类型是苹果园与葡萄园。因此，坡度、坡向及海拔等地理信息，则是园地识别的主要特征。

2）光谱干扰及误差

在利用光谱知识来识别湿地信息时，"同物异谱"或"异物同谱"现象会对地物识别造成干扰，带来一定误差。例如：水体信息与地物反射率的建筑物信息以及山地丘陵区的阴影产生混淆；研究区寿光市附近的蔬菜大棚因其高反射率会与高反射率的建筑物信息造成一定的误差。

3）特征波段选择及组合

因此，如何选择各类地物识别的最佳特征波段及最优化组合，是高精度湿地信息提取的关键。除了遥感影像的原始特征波段，经过图像转化后生成的新波段也可当作特征波段。但是，并不是所有的这些波段组合成一个图像进行计算机自动分类便可以获取最优的结果，因为各波段间存在一定的相关性，相对于分类器的改进，特征波段的优化则更能极大地改善分类精度，所以如何筛选最佳的特征波段则成为重点。

对于小区域范围内，利用决策树分类器进行湿地分类则有较好的效果，这种半自动的分类方法，可以通过人工来选择特征波段识别相对应地物的阈值，人为参与较多。阈值的选择可以通过目视判读、直方图分布等方法来获取，但是这些方法在实现上较为复杂，容易产生一定错误。

因此，本书引入数据挖掘的方法来解决特征波段选择及阈值确定的问题。基于较为成熟的 See 5.0 数据挖掘软件，通过训练样本来选取最优化的特征波段与最佳阈值。

4）基于面向对象方法的湿地分类

基于面向对象的 Definiens eCognition 8.64.1 软件，进行多尺度分割的湿地信息提取。

（1）遥感影像多尺度分割

基于面向对象方法进行土地覆被分类，图像分割是最关键的一步。本书利用 Definiens eCognition Developer 8.64.1 软件，以 TM 影像为基准进行图像分割，在第一级分类中，经过反复尝试，各波段的权重分别为：1、1、1、2、1、1，分割尺度为 30，形状指数为 0.1，紧凑度指数 0.5。在第二级分类中，针对植被类型较为破碎的特征，各波段的权重保持不变，分割尺度设置为 10，形状指数为 0.1，紧凑度指数为 0.5。

（2）构建湿地类型信息提取规则集

根据对研究地物类型的分析，参考野外调查、土地利用数据以及植被类型图，选取各植被类型的纯净样本。在此基础上，基于 See 5.0 数据挖掘软件，来选取最优化的特征波段与最佳阈值。

（3）技术的应用实例

根据研究区的植被物候信息，发掘了一系列的土地覆被信息分离信息，例如：12 月份处于冬季，该时期落叶植物一般均要落叶，可以利用这一信息来分离出落叶与非落叶植被，土地覆被信息提取的具体流程见图 3.7。针对以上信息，进行了土地覆被信息提取规则集的建立，如下：

第一级分类：

Rule 1：If NDVI10 $> = 0.33$ Then 植被 Else 非植被

Rule 2：If NDVIsum $< = 1.4$ Then 耕地

Rule 3：If NDVI10 $> = 0.54$ and DEM > 50 Then 林地

Rule 4：If $MNDWI_{10} > = -0.01$ Then 湿地 Else 建筑用地 + 裸岩

Rule 2：If DEM $> = 870$ Then 裸岩 Else 建筑用地

第二级分类：

Rule 1：If Area $> = 25000$ pixels Then 河流 &

If Length $> = 250$ pixels Then 河流 Else 水库坑塘

各波段权重分别为：1，1，1，2，1，1，分割尺度 10，形状指数为 0.1，紧凑度指数 0.5。

Rule 2：If ①Band10 $- 5 > 0.247914$ and Band4 $- 1 > 0.1210747$

②Band10 $- 5 < = 0.247914$ and Band10 $- 1 < = 0.09189583$

③（Band10 $- 5 < = 0.247914$ and Band10 $- 1 > 0.09189583$）and（Band 4 $- 1 > 0.1181029$）

④（Band4 $- 1 > 0.1103$ and Band10 $- 1 < = 0.1181029$）and（Band 10 $- 1 < =$

0. 1127537）

　　Then 针叶林 Else 阔叶林

　　Rule 3：If NDVI_ 12 ＞ =0. 4 and Land cover = 阔叶林 Then 常绿阔叶林

　　Rule 4：If NDVI_ 12 ＜0. 4 and Land cover = 阔叶林 Then 落叶阔叶林

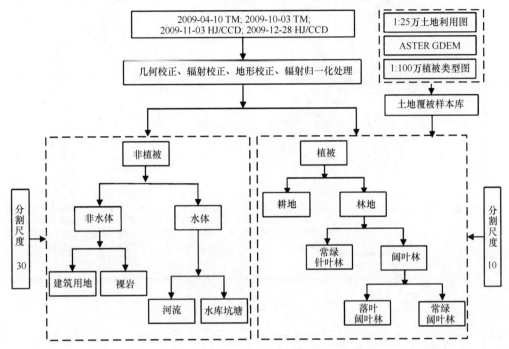

图 3.7　试验区土地覆被信息提取流程

　　（4）2000—2010 年莱州湾湿地分类结果

　　根据以上莱州湾的湿地信息提取流程，对三期遥感数据进行分类，获取三期的湿地分类数据（图 3.8 至图 3.10）。

3.3.3　莱州湾湿地演变的时空特征

3.3.3.1　湿地类型的转化特点

　　图 3.11 至图 3.12 为 2000—2005 年和 2005—2010 年莱州湾湿地景观类型转移情况。

　　图代码说明：四位代码前两位代表计算转移矩阵的前一年份景观类型代码，后两位代表后一年的景观类型代码，例如：3171 表示前一年份代码为 31 的景观类型转移为后一年份代码为 71 的景观类型。

3.3.3.2　莱州湾各县市湿地变化图谱

　　莱州湾沿岸各县级市湿地面积变化分析见表 3.22 至表 3.32。各湿地变化图谱分别见图 3.13 至图 3.23。

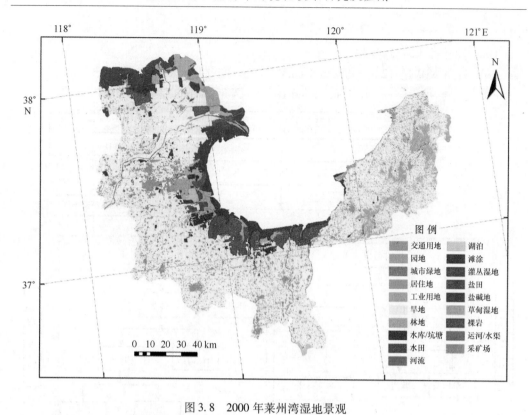

图 3.8　2000 年莱州湾湿地景观

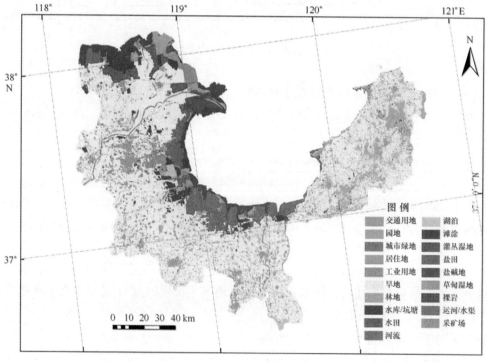

图 3.9　2005 年莱州湾湿地景观

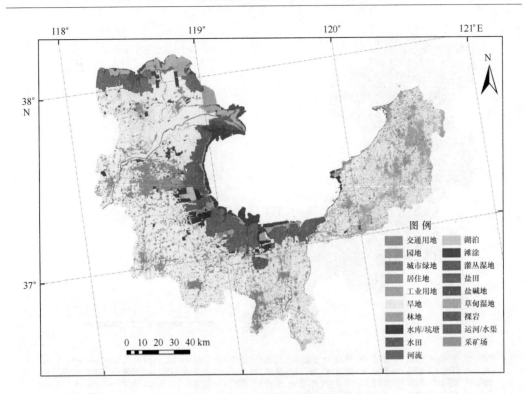

图 3.10　2010 年莱州湾湿地景观

表 3.22　2000—2010 年莱州市湿地面积变化分析　　　　　　　　单位：km²

类型	2000 年	2005 年	2010 年
31	82.437 98	85.011 92	100.046 2
34	1.129 076	1.406 826	4.137 976
35	42.406 59	20.882 98	42.372 64
36	29.279 19	19.830 8	19.301 3
42	8 465.527	3728.391	2 232.507
51	224.374 9	202.478 8	279.365 2
52	16.679 04	15.535 93	29.018 06
53	4.610 002	8.088 365	15.002 83
62	187.803 1	185.950 9	153.674 5
72	93.578 66	122.697 7	136.032
73	51.537 4	8.368 858	15.864 76
74	12.333 27	12.191 2	10.119
75	7.369 918	5.826 178	9.758 812

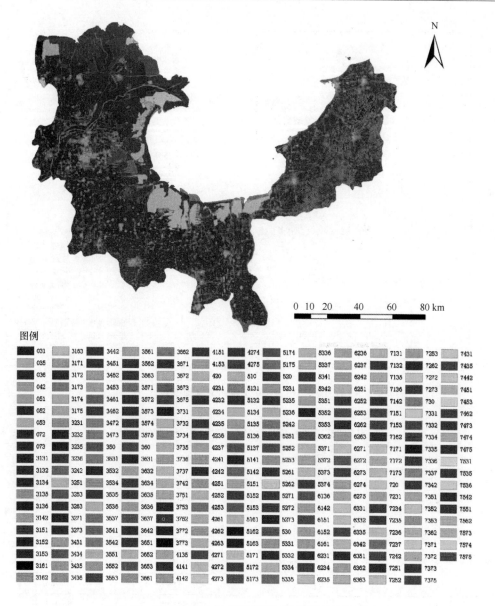

图 3.11 2000—2005 年莱州湾湿地景观类型转移情况

表 3.23 2000—2010 年龙口市湿地面积变化分析   单位: km²

类型	2000 年	2005 年	2010 年
31	33. 952 56	33. 242 78	27. 454 22
34	7. 126 378	10. 657 4	10. 186 57
35	7. 261 267	16. 388 77	10. 830 89
36	7. 861 627	8. 329 247	5. 371 167
42	9 803. 061	3 071. 707	2 665. 188

类型	2000 年	2005 年	2010 年
51	134. 187 1	127. 000 2	186. 245 6
52	4. 873 153	4. 107 82	6. 664 831
53	5. 857 333	6. 657 775	7. 596 233
62	176. 711 1	177. 779	140. 517 6
63	2. 301 693	2. 240 604	2. 197 209
73	12. 001 57	4. 534 772	21. 23 354
75	5. 213 222	4. 925 659	8. 324 524

表 3.24　2000—2010 年寒亭区湿地面积变化分析　　　　单位：km^2

类型	2000 年	2005 年	2010 年
31	50. 392 27	35. 747 4	38. 276 82
35	61. 986 51	63. 897 24	68. 153 53
36	28. 674 17	32. 778 3	19. 217 47
37	4. 849 713	3. 960 282	6. 955 52
41	0. 886 99	2 768. 454	52. 762 43
42	3413. 565	—	3 527. 914
51	173. 249 2	240. 493 6	253. 877 1
52	13. 664	5. 856 374	20. 894 93
53	35. 981 89	29. 813 9	36. 189 28
62	3. 359 885	9. 387 974	4. 454 67
71	3. 219 486	245. 421 3	3. 225 785
72	196. 160 7	56. 048 74	510. 599 6
73	99. 370 78	—	133. 747 2
74	1. 950 668	1. 950 669	2. 259 282

备注："—"表示无该类型，下同（表 3.25～表 3.32）。

表 3.25　2000—2010 年寿光市湿地面积变化分析　　　　单位：km^2

类型	2000 年	2005 年	2010 年
31	93. 077 83	59. 498 4	57. 791 13
35	117. 836 3	132. 885 7	119. 117 6
36	19. 136 82	22. 757 06	19. 682 78
37	0. 610 185	1. 044 658	9. 064 652
42	5 982. 121	5 929. 528	1 759. 091
51	181. 471 5	203. 609 8	275. 275
52	22. 496 7	22. 495 44	40. 209 37
53	33. 778 83	34. 662 89	22. 700 53

类型	2000 年	2005 年	2010 年
61	0. 447 387	0. 825 457	0. 868 664
62	1. 654 456	15. 967 05	1. 456 859
72	415. 382 1	450. 707 4	492. 556 6
73	163. 351 7	88. 765 2	177. 506 1

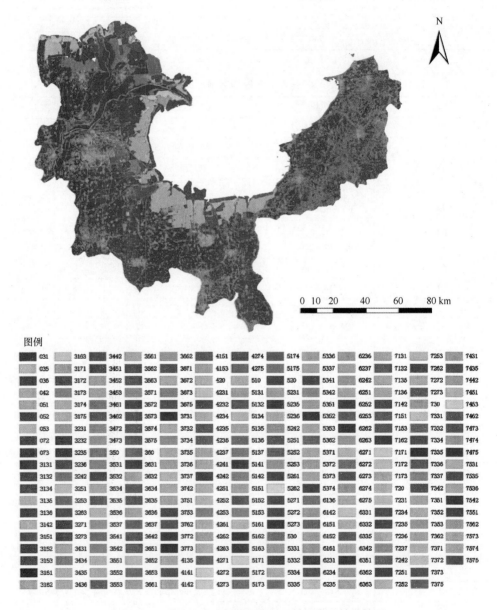

图 3.12　2005—2010 年莱州湾湿地景观类型转移情况

表 3.26　2000—2010 年广饶县湿地面积变化分析　　　　单位：km²

类别	2000 年	2005 年	2010 年
31	60. 305 19	48. 635 39	34. 408 68
34	43. 661 45	43. 321 55	44. 566 87
35	17. 529 65	40. 277 73	20. 090 83
36	23. 261 22	27. 150 18	12. 607 06
37	3. 316 824	2. 909 948	8. 273 727
42	4 480. 698	4 235. 123	1 593. 956
51	121. 277	135. 765 5	203. 995 4
52	20. 531 1	19. 152 78	23. 312 72
53	6. 538 89	7. 716 129	29. 572 56
61	2. 027 145	0. 407 872	0. 418 676
62	—	2. 242 917	2. 682 849
72	49. 485 03	39. 220 13	81. 173 95
73	29. 591 5	27. 143 2	18. 291 28

表 3.27　2000—2010 年东营区湿地面积变化分析　　　　单位：km²

类别	2000 年	2005 年	2010 年
31	166. 578 8	59. 008 46	74. 186 81
34	43. 151 49	43. 716 78	43. 210 91
35	82. 677 28	91. 696 39	102. 047 8
36	43. 795 99	49. 856 88	11. 462 67
37	1. 470 011	—	5. 575 83
42	4775. 837	4 507. 722	870. 628 9
51	208. 712 4	235. 597 7	422. 827 5
52	92. 892 73	94. 579 91	43. 468 22
53	12. 284 83	15. 274 71	26. 712 42
61	—	0. 307 867	2. 806 141
62	3. 027 643	11. 349 11	3. 719 1
71	83. 715 81	1. 204 548	—
72	98. 743 72	164. 732	254. 551 6
73	—	86. 097 25	48. 842 7

表 3.28　2000—2010 年利津县湿地面积变化分析　　　　单位：km²

类别	2000 年	2005 年	2010 年
35	26. 318 1	26. 265 88	23. 516 94
36	59. 219 07	77. 096 3	66. 373 55
37	10. 003 43	4. 683 389	5. 791 679
42	7110. 397	6 652. 484	2 551. 122

续表

类别	2000 年	2005 年	2010 年
51	115. 025 4	131. 480 1	200. 432
52	5. 044 147	5. 044 146	10. 092 24
53	10. 980 42	16. 699 85	28. 369 49
62	0. 769 84	0. 769 84	0. 877 89
71	0. 631 187	0. 631 187	0. 631 187
73	—	—	1. 138 054

表 3. 29 2000—2010 年垦利县湿地面积变化分析 单位：km²

类别	2000 年	2005 年	2010 年
31	182. 472 1	140. 460 9	152. 019 8
32	95. 378 56	107. 258	36. 176 57
35	90. 876 16	75. 242 26	77. 813 45
36	75. 161 15	86. 796 19	62. 848 47
37	0. 798 402	—	5. 621 21
41	1. 920 346	1. 921 644	1. 922 206
42	5912. 747	5534. 467	2 007. 438
51	206. 514 1	229. 396 6	399. 386 3
52	106. 916 2	105. 423 2	106. 196 2
53	8. 517 023	11. 351 16	26. 888 78
61	—	0. 121 548	0. 206 177
62	2. 207 742	2. 207 741	3. 047 828
63	4. 491 98	4. 491 979	4. 491 98
71	225. 619	113. 943 9	71. 002 55
72	—	242. 171	426. 347 4
73	278. 188 6	277. 34	200. 888 9

表 3. 30 2000—2010 年昌邑市湿地面积变化分析 单位：km²

类别	2000 年	2005 年	2010 年
31	36. 848 95	32. 803 09	3. 260 286
34	93. 089 03	94. 094 84	0. 035 084
35	53. 458 33	73. 889 69	39. 24 234
36	65. 192 94	65. 472 33	5. 739 525
37	5. 458 814	5. 705 26	1. 715 673
41	—	—	1. 774 053
42	11 064. 46	5 164. 735	24. 226 11
51	161. 307 5	153. 396	1 034. 263
52	5. 056 97	4. 013 387	10. 982 12

续表

类别	2000 年	2005 年	2010 年
53	39. 597 7	41. 527 34	70. 121 86
62	5. 199 874	6. 888 472	218. 869 3
71	3. 219 486	3. 110 611	1. 132 663
72	250. 082 2	241. 604 2	150. 070 7
73	75. 428 38	53. 135 08	2 540. 122

表 3.31　2000—2010 年河口区湿地面积变化分析 单位：km²

类别	2000 年	2005 年	2010 年
31	248. 91	244. 703 4	268. 530 7
32	164. 2696	306. 752 1	14. 858 76
35	246. 302 9	298. 456 9	110. 756 8
36	45. 671 49	59. 365 89	69. 342 21
37	6. 555 553	1. 498 336	11. 298 63
42	2563. 535	2 160. 183	1 947. 17
51	69. 505 23	84. 796 94	135. 442 5
52	104. 317 1	102. 846 6	139. 374 8
53	5. 147 65	6. 790 873	—
62	1. 274 69	1. 274 69	1. 274 792
71	46. 647 15	45. 134 54	43. 755 06
72	—	82. 188 98	403. 993 5
73	384. 156 3	251. 842 2	70. 518 2

表 3.32　2000—2010 年招远市湿地面积变化分析 单位：km²

类型	2000 年	2005 年	2010 年
31	299. 355 936	301. 789 554	87. 044 51
34	5. 270 779 422	7. 110 208 635	7. 688 935
35	12. 651 399 6	16. 770 405 37	17. 518 35
36	8. 495 496 882	8. 630 812 821	6. 629 855
42	9035. 081 291	4 296. 478 325	2 615. 733
51	139. 090 587 8	110. 304 663 3	169. 534 3
52	0. 656 958 512	0. 655 161 145	2. 503 739
53	3. 355 170 488	2. 635 240 969	6. 299 158
62	286. 505 869 8	286. 499 226 3	317. 253 7
63	3. 632 522 586	3. 632 523 194	3. 618 146
73	7. 010 503 933	2. 896 177 899	7. 473 971
75	13. 910 443 82	12. 528 056 55	19. 678 78

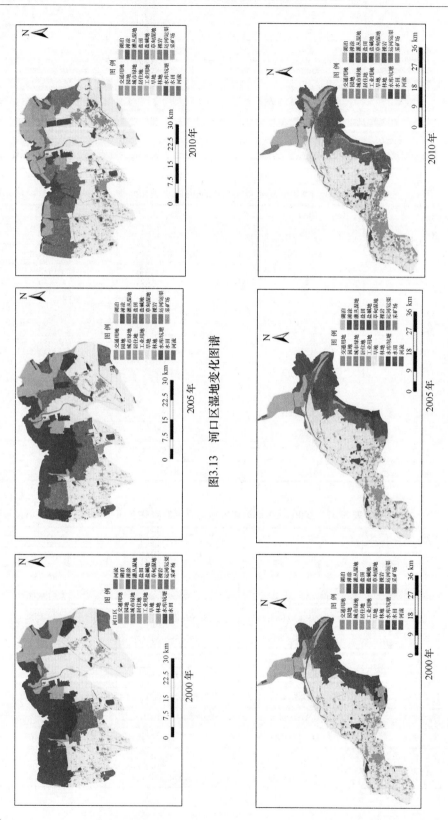

图3.13 河口区湿地变化图谱

图3.14 垦利县湿地变化图谱

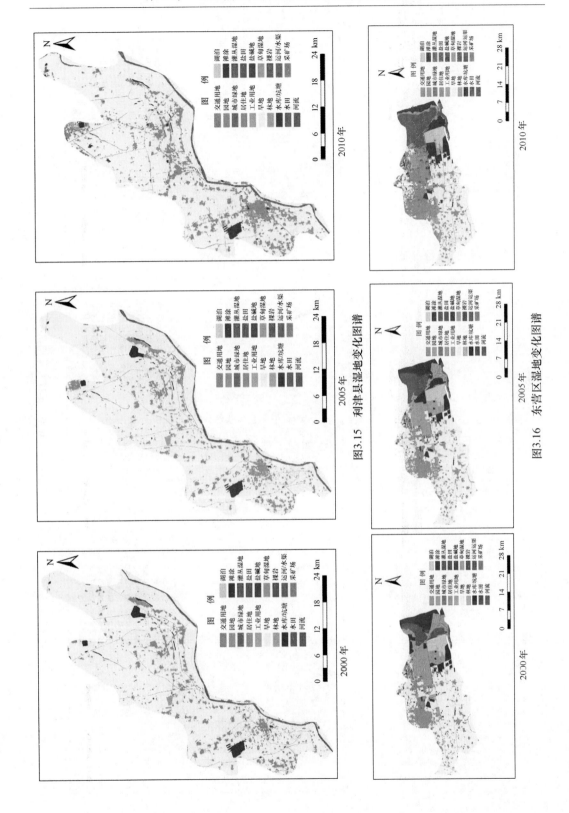

图3.15　利津县湿地变化图谱

图3.16　东营区湿地变化图谱

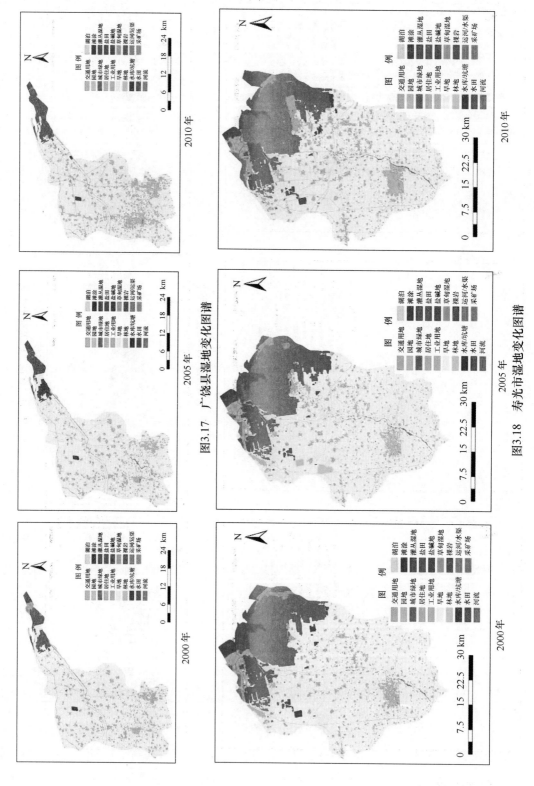

图3.17 广饶县湿地变化图谱

图3.18 寿光市湿地变化图谱

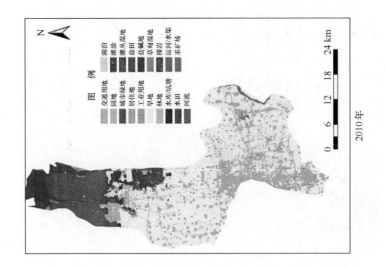

2010 年

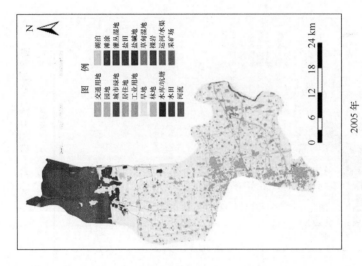

2005 年

图3.19　集亭区湿地变化图谱

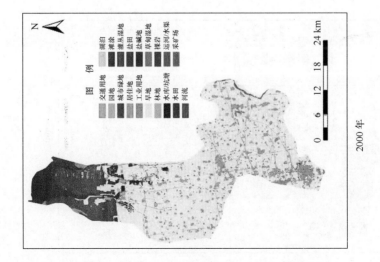

2000 年

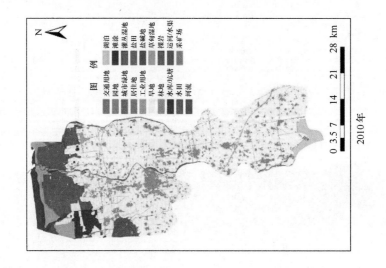

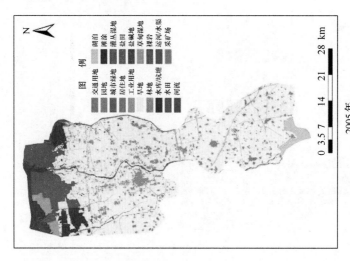

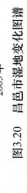

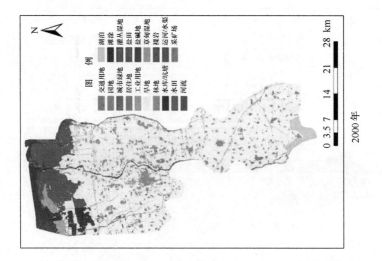

图3.20 昌邑市湿地变化图谱

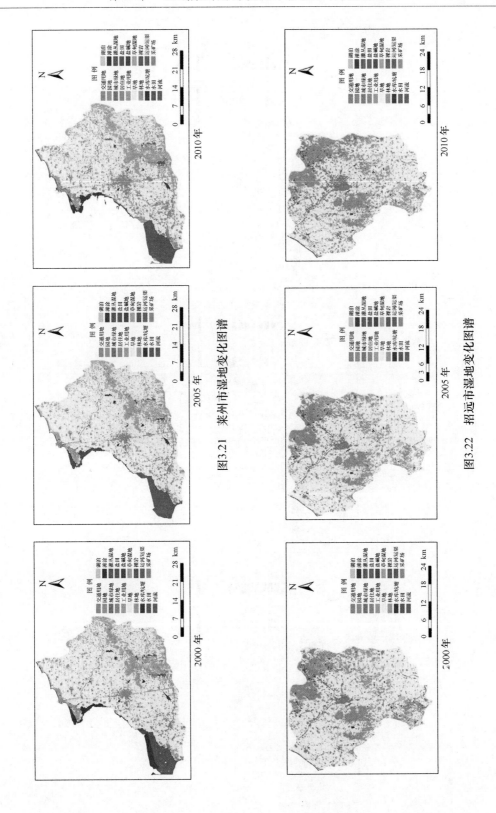

图3.21　莱州市湿地变化图谱

图3.22　招远市湿地变化图谱

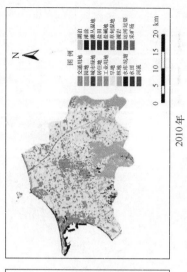

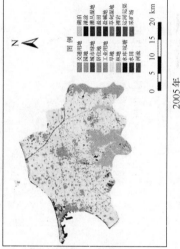

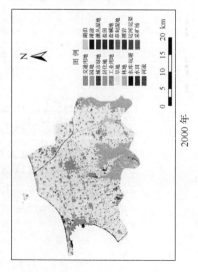

图3.23 龙口市湿地变化图谱

3.3.4　莱州湾（东营市）景观格局优化应用

景观格局，即景观结构，包括景观组成单元的类型、数目以及空间分布与配置，是受自然因素和人为因素共同影响下景观异质性在空间上的综合表现。在景观生态发展过程中，格局既决定生态过程又影响和控制景观功能的循环与发展，一定的景观格局对应着相应的景观功能。景观格局优化就是在综合理解景观格局、功能和生态过程相互作用的基础上，通过调整优化不同景观类型在数量上和空间上的分布格局，使其产生最大景观生态效益，实现区域可持续发展。

土地利用类型变化是景观格局优化的研究基础，土地利用类型的变化会影响湿地的景观格局，进而影响生态服务功能以及湿地生物多样性的稳定与保护。运用景观格局分析方法不仅能够揭示土地利用类型变化对景观生态空间稳定性的影响，而且能够将过程与状态、空间结构与功能相互结合起来分析景观格局生态安全所涉及的问题。

本书重点以东营市为案例探讨景观湿地优化技术。

东营市位于山东省北部，是黄河三角洲中心城市，地理坐标为 36°55′—38°10′N，118°07′—119°10′E，南北纵距长 132 km，东西宽 74 km；总面积约 7 923 km²。东营市环抱滔滔黄河，濒临浩瀚的渤海，北与天津、秦皇岛、大连隔海相望，东与胶东半岛相呼应，西与滨州接壤，南与淄博、潍坊两市相毗邻，处在胶东半岛和辽东半岛的环抱之中，位居环渤海经济圈和沿黄经济带的结合部，与日本列岛和朝鲜半岛隔海相望，并且连结东北经济区与中原经济区，是黄河三角洲地区经济带动内陆经济的桥头堡，所处的地理位置十分优越。此外，5 450 km² 的现代黄河三角洲有 5 200 km² 在东营市境内，因此，一般所称黄河三角洲，主要指东营市境内。东营市辖两区三县：东营区、河口区、垦利县、利津县、广饶县（图 3.24）。

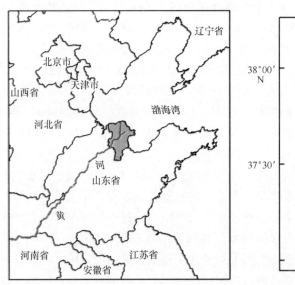 

图 3.24　东营市位置示意图

采用最大似然判别法完成2000年、2010年湿地信息提取，在ENVI4.7软件自动分类结果基础上，通过人机交互解译及解译后处理，得到研究区2000年和2010年两期的湿地景观分类结果（图3.25）。经过精度检验，2000年和2010年两期遥感影像的分类解译精度分别达到了84.37%和86.67%。

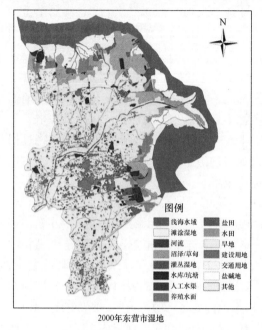
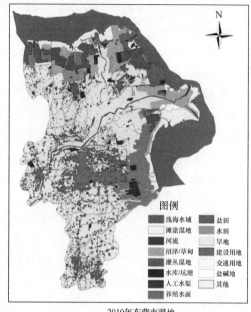

图例
浅海水域　盐田
滩涂湿地　水田
河流　　　旱地
沼泽/草甸　建设用地
灌丛湿地　交通用地
水库/坑塘　盐碱地
人工水渠　其他
养殖水面

2000年东营市湿地　　　　　　　　　2010年东营市湿地

图3.25　东营市2000年、2010年湿地变化

通过分类结果统计可以得出，东营市湿地面积整体上是上升的，湿地面积从2000年的4 123.42 km² 增加到2010年的4 307.06 km²，增幅达4.45%。其中，天然湿地面积减少了455.94 km²，而人工湿地面积增加了639.58 km²，天然湿地面积占湿地总面积的比重由83.85%下降到69.69%，而人工湿地面积占比从16.15%上升到30.31%。在两期影像中，浅海水域和滩涂均为主要基质斑块，面积较大，但是，滩涂湿地也是10年间面积减少最多的湿地类型，面积减少了310.67 km²；其次，草甸湿地10年间减少了218.31 km²。人工湿地中，养殖水面、盐田是主要的湿地类型，10年间面积分别增加了255.74 km² 和321.71 km²。

本节从湿地生物多样性保护角度出发，以生态过程为突破口，将景观格局和生态过程相结合，把物种运动的生态过程看作是一个能动的景观控制过程，根据保护物种的生态特性，以及对其在迁移扩散过程中必须通过克服景观阻力的过程模拟，把东营市现存的湿地保护区和重要的湿地斑块作为保护对象，利用最小累积阻力模型，分析了海拔、植被覆盖信息、土地利用类型、道路四个因子对景观生态安全格局的影响，探讨如何识别景观中的某些关键生态节点和廊道，通过控制这些生态节点而有效地促进湿地物种的迁移和扩散，从而构建生态节点、生态廊道等景观格局优化组分，为湿地物种的生存和发展提供良好的生态环境。

采用最小累积阻力模型（MCR）进行区域景观格局优化研究具有较为固定的模式，即"分析区域景观格局指数及景观格局问题——识别生态源地——景观单元阻力赋值——生成景观累积阻力面——识别与构建生态廊道与生态节点——提出区域景观生态格局优化综合方案"，其中识别生态源地、对景观单元阻力赋值、生成最小累积阻力面、识别生态廊道和生态节点等关键步骤都是在 ArcGIS9.3 软件环境中实现的。

3.3.4.1　"源"的确定

基于"源"、"汇"理论，结合东营湿地景观的生态特征，针对湿地生物栖息地减少和趋于破碎化的特点，选择具有一定空间扩展性和连续性，在景观中能促进景观过程发展的景观组分作为生态源地，主要包括东营市现有生态网络中的湿地保护区和核心斑块面积大于 90 hm² ［即 10 个栅格单元（300 m × 300 m）］的湿地作为东营市生态源地重要组成部分。

主要包括东营市的黄河三角洲自然保护区、孤河水库、孤北水库、东张水库、水镇水库、广北水库、辛安水库、广南水库以及刁口段呈条带状分布的芦苇沼泽草甸湿地等区域。这些源地对控制和促进区域生态功能的稳定性具有重要作用，应当进行生态环境保护，加强生态建设力度，维持和增大源地斑块的面积，提高景观生态功能。

3.3.4.2　建立阻力面

1）景观要素阻力层的确定

物种需要克服景观阻力来实现其迁移过程，景观阻力是以生态"源"地作为衡量标准的，指物种在穿越不同用地类型时的难易程度，物种在穿越生态环境较适宜的生境时需克服的阻力较小，而在适宜性较差的生境中迁移时需要克服相对较高的阻力。根据实地调查并参考已有研究、湿地物种的移动主要受地形（海拔、坡度）、食物和植被覆盖和人为干扰情况的影响，因此，结合东营市的实际情况，根据可选取性和可量化性的原则，选取海拔、植被覆盖信息、土地利用类型和道路 4 个因子作为费用距离的阻力层。

2）阻力因子系数与权重的确定

景观格局优化中较为关键的步骤是对不同景观单元赋予相应的阻力值。阻力值表示物种通过空间某一点的难易程度，各种景观因素对物种移动所造成的阻力是有差别的，这种差别可以通过物种对景观的适宜程度来确定。国内外学者作了很多有关阻力值界定的研究探讨，其中 Knaapen 认为阻力值的确定是通过对物种行为特征方面综合调查研究的基础上给出的一个较为合理的相对值，以此反映不同阻力因子间的差异。由于阻力值是以相对概念的形式确立的，确立的阻力值只要能够相对地反映不同阻力因子的差异性就可以用来进行费用距离的计算。本书根据专家打分法赋予权重的方法确定阻力值，设定 100 作为最大阻力值，并假定当阻力值达到 100 的情况下，物种将不再能够移动，阻力值为 0 的像元或斑块代表物种的最适宜生境区域，移动非常自由，根据各种景观类型对湿地物种的影响程度在 0 ~ 100 之间对其进行阻力值的赋予。

（1）地形特征信息提取与阻力系数和权重的确定

地形（海拔、坡度）特征是影响湿地生物分布的重要因素，由于东营市属于典型的平原地区，地势平缓，西南高、东北低，总体坡度差异较小，对湿地生物迁移的影响可以忽略，然而湿地水禽等生物喜好在水源供给充足的水陆交替带和低海拔地区选择栖息地，因此，本书主要考虑海拔因子的影响，海拔阻力因子的系数与权重如表 3.33 所示。从中国科学院网站下载 90 m 分辨率的 DEM 数据，并利用 ArcGIS 9.3 软件进行海拔数据提取。

表 3.33　东营市海拔因子相对阻力值与权重系数

阻力因子	权重系数	阻力等级	等级标准	相对阻力值
海拔	10%	1	−17 ~ −5m	5
		2	−5 ~ 3m	10
		3	3 ~ 10 m	15
		4	10 ~ 20 m	20
		5	20 ~ 35 m	30
		6	35 m 以上	50

（2）景观类型因子相对阻力值和权重的确定

不同的景观类型影响着湿地生物的数量和分布，东营市土地景观类型包括浅海水域、滩涂、沼泽、草甸湿地、水田、盐田、养殖区、建设用地、旱地和未利用地 10 余种景观类型。对于不同的景观类型，其内部的物种多样性情况亦不相同，在不同景观间物种存在一定的联系和流动，基于对物种由源地向周围扩散过程中会克服不同的景观阻力的角度考虑，我们认为景观的类型不同，产生的阻力亦不相同。本书按照各类景观类型的不同以及受人为活动干扰强度的差异，拟定如下景观类型阻力值与权重系数表（见表 3.34）。

表 3.34　东营市景观类型因子相对阻力值与权重系数

阻力因子	权重系数	阻力等级	景观类型	相对阻力值
土地利用类型	35%	1	浅海、河流等水域	0
		2	沼泽、草甸、灌丛湿地	10
		3	滩涂	15
		4	水田、养殖水面	20
		5	旱地、盐田	30
		6	未利用地	60
		7	建设用地	100

（3）植被覆盖信息提取与相对阻力值和权重系数的确定

较好的植被覆盖能为东营市的迁徙鸟类等生物提供必要的食物和隐蔽条件以维持生存，所以它是影响湿地生物进行生境选择的重要因素。归一化植被指数（NDVI）能够敏感地反映植被的生长势和生长量，因此，它是植被生长状态及植被覆盖度的最佳指示因子，在草地覆盖、生物量估算等方面有着广泛应用。本书基于 2010 年东营市遥感影像在 ENVI4.7 软件中提取 2010 年研究区的归一化植被指数（NDVI），并确定植被覆盖信息的相对阻力值和权重系数。其中，归一化植被指数（NDVI）的计算公式为：

$$NDVI = (TM3 - TM4) / (TM3 + TM4) \tag{3.32}$$

式（3.32）中 TM3 和 TM4 表示 TM/ETM 卫星遥感影像的第三波段（红）和第四波段（近红外）的亮度值。根据上述公式，在 ERDAS 软件中计算获得东营湿地的 NDVI 灰度值。

不同季节湿地植被的生长状况具有明显的差异，对湿地水禽等生物觅食和隐蔽等产生显著影响。本书选取的遥感影像时相为 2010 年的 9 月，能够较好地反映研究区域的植被覆盖情况。

NDVI 值介于 −1 和 1 之间，对不同地表来说，植被区的 NDVI 值通常为正值，且随着植被覆盖度的增加而增加；负值一般为云、水体、雪盖或冰盖；0 表示有裸地和岩石等；为了消除非植被因素的影响，通常定义年 NDVI 值大于等于 0.1 的地区为植被覆盖密集区域。本书根据文献资料，结合研究区现状，将研究区域的 NDVI 值划分为 5 个等级（表 3.35）。其中，由于本书用 2010 年 9 月影像计算得到 NDVI 指数，不会有冰、雪存在，并且影像无云，因此，对于负值均认为是水体，参考景观类型因子中对水体阻力值赋值情况进行赋值。

表 3.35 东营市植被覆盖因子（NDVI）相对阻力值与权重系数

阻力因子	权重系数	阻力等级	等级标准	相对阻力值
NDVI	25%	1	<0	20
		2	0 ~ 0.1	80
		3	0.1 ~ 0.2	60
		4	0.2 ~ 0.4	30
		5	>0.4	10

（4）人为干扰信息提取与相对阻力值和权重系数的确定

城镇化进程的加快和城镇人口的增加，使得人类活动成为影响湿地生物生境退化，导致景观格局破碎化的重要因素之一。公路建设作为人为干扰类型的重要方式，对湿地水禽等生物分布的影响明显。道路建设具有阻隔等负面效应，对湿地生物生境产生干扰，级别越高的道路，所产生负面效应的能力亦越大。本书基于 2010 年的 TM 卫星遥感数据，结合东营市市域干线公路网规划和市域交通现状图等道路数据，提取了省级以上道路，并作为影响因子，对道路因子赋予相应的阻力值和权重判别其对景观格局的干扰强度（表 3.36）。

表 3.36　东营市道路因子相对阻力值与权重系数

阻力因子	重要性系数	阻力等级	等级标准	相对阻力值
距道路距离	30%	1	0 ~ 400 m	100
		2	400 ~ 800 m	80
		3	800 ~ 1 600 m	60
		4	1 600 ~ 3 200 m	40
		5	3 200 ~ 6 400 m	20
		6	>6 400 m	0

3）单因子阻力面的建立

按照上述对不同阻力因子划分以及阻力值的确定，运用 ArcGIS 中的空间分析功能模块（Spatial Analysis），生成海拔、土地利用景观类型、植被覆盖信息（NDVI）和省级以上道路 4 个单因子的阻力表面，分辨率（栅格像元大小）为 30 m × 30 m，如图 3.26 至图 3.29 所示。

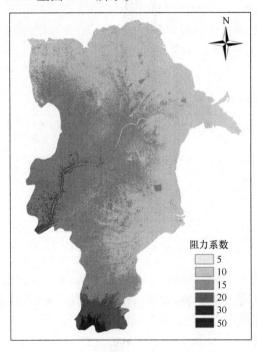

图 3.26　东营市海拔因子阻力面

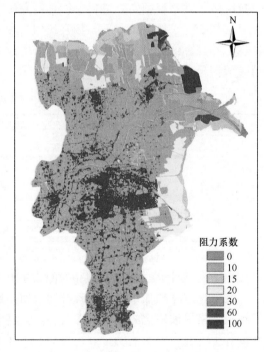

图 3.27　东营市土地利用类型因子阻力面

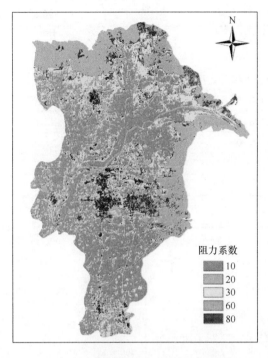 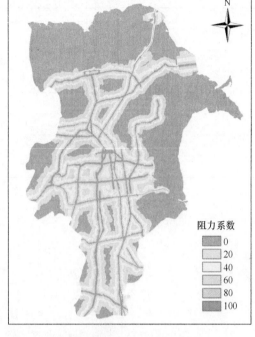

图 3.28　东营市植被覆盖因子阻力面　　　　图 3.29　东营市道路因子阻力面

3.3.4.3　单因子景观生态安全格局分析

利用 ArcGIS9.3 软件中的空间分析模块，利用已经确定的生态"源"地和各单因子的阻力面，进行费用距离（Cost Distance）计算，得到各单因子的最小累积阻力面。

利用最小累积阻力模型分析景观格局，需要确定不同级别景观格局的累积阻力阈值，从而划分出景观安全格局级别，由于最小累积阻力模型反映的是生物对周围生境的一种选择性的移动过程，在空间上最小费用距离在不同区间的差异能够反映生境变化的稳定性或突变性。因此，本书利用统计学的概念，对最小累积阻力进行 1/2 方差分类，从而确定高、中、低级别的景观格局。

1）海拔因子景观生态安全格局

将计算得到的海拔因子最小累积阻力表面，在 ArcGIS9.3 软件中运用空间分析（Spa-tial Analysis）功能模块中的 Reclassify 按照 1/2 方差分类，共分为 9 类（图 3.30）；并利用 Spatial Analysis 下的分类区统计（Zonal Statistics）功能，计算得到海拔因子的最小累积阻力面的 1/2 方差分类后类别所具有的栅格数量（面积）（表 3.37），从而获得海拔阻力因子不同类别与栅格像元数量（面积）间的关系曲线图（图 3.31）。

表 3.37　海拔最小累积阻力值 1/2 方差分类

类别	累积阻力值	像元个数（个）
C1	1 671 520 000	216 764
C2	17 632 600 000	278 116

类别	累积阻力值	像元个数（个）
C3	24 096 200 000	166 404
C4	18 732 700 000	83 697
C5	17 545 100 000	56 924
C6	20 021 100 000	51 693
C7	12 370 700 000	26 646
C8	8 055 770 000	14 672
C9	17 015 200 000	24 624

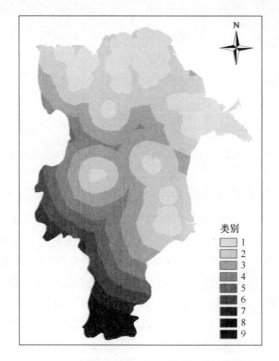

图 3.30　东营市海拔因子最小累积阻力分类

根据图 3.31 和表 3.37 可以看出，海拔因子最小累积阻力分类图层在 C2 处发生了突变，从类别 C2 起开始下降，并到 C4 处后逐渐平稳递减，这个突变过程说明海拔因子影响和控制整个景观生态安全格局的阈值在 C2 和 C4 处，反映了生物在空间上迁移过程中，在 C2 和 C4 类别处的稳定性发生了突变。因此，将海拔因子景观生态安全格局以 C2 和 C4 处为临界点，划分为高、中、低三种安全格局。

2）土地利用类型因子景观生态安全格局

土地利用类型最小累积阻力面中（图 3.32、图 3.33），灰度值由小到大过渡表示区域阻力值逐渐增大，图中最小阻力值为 0 值，为"源"地，最大阻力值是 1 003 466.12。从整体上看，东北区域阻力值相对较小，越靠近城市，景观阻力值越大。阻力值的最大值

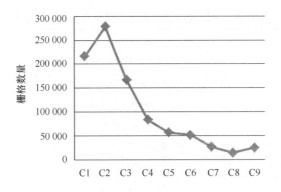

图 3.31 海拔最小累积阻力 1/2 方差
分类类别与栅格数量（面积）关系

和最小值是在根据给定的土地利用类型因子阻力系数计算得出的相对阻力值，并非是真实的景观阻力反映，但能够反映景观阻力由植被区向建设用地逐渐增大的趋势。

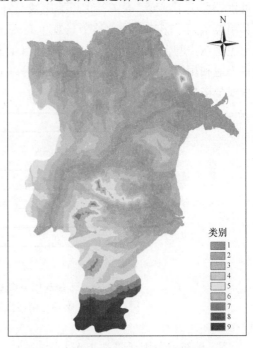

图 3.32 东营市土地利用类型最小累积阻力面 图 3.33 东营市土地利用类型最小累积阻力分类

将计算得到的海拔因子最小累积阻力表面，在 ArcGIS 9.3 软件中运用空间分析（Spatial Analysis）功能模块中的 Reclassify 按照 1/2 方差分类，共分为 9 类（图 3.30）；利用 Spatial Analysis 下的分类区统计（Zonal Statistics）功能，计算出土地利用类型因子最小累积阻力面的 1/2 方差分类类别所具有的栅格数量（面积）和阻力值（表 3.38），并作出土地利用类型阻力因子不同类别与栅格像元数量（面积）间的关系曲线图（图 3.34）。

表 3.38　土地利用类型最小累积阻力 1/2 方差分类

类别	累积阻力值	像元个数（个）
C1	769 733 000	190 228
C2	16 606 900 000	299 228
C3	23 980 800 000	170 902
C4	23 843 600 000	106 355
C5	20 293 500 000	66 429
C6	12 576 700 000	32 229
C7	5 403 200 000	11 420
C8	6 484 560 000	11 526
C9	23 320 600 000	31 010

从表 3.38 和图 3.34 可以看出，重分类后的土地利用类型最小累积阻力图层在 C2 类别处发生了突变，从 C2 处开始递减，并到 C4 处后逐渐平稳，该突变过程说明土地利用类型因子影响、控制整个景观生态安全格局的阈值出现在 C2 和 C4 类别处，反映了生物在空间上迁移过程中，在 C2 和 C4 类别处继续迁移需要克服更大的阻力。因此，将土地利用类型因子景观生态安全格局以 C2 和 C4 处为临界点，划分为高、中、低三种安全格局。

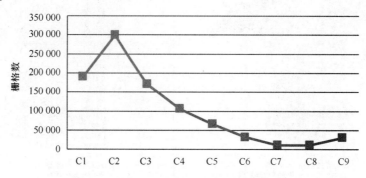

图 3.34　土地利用类型最小累积阻力 1/2 方差分类
类别与栅格数量（面积）关系

3）植被覆盖因子景观生态安全格局

植被覆盖因子最小累积阻力面中灰度值由暗到亮过渡表示区域阻力值在逐渐增大（图 3.35、图 3.36），生态源地的值为 0，植被覆盖密度较低区域的阻力值较大，最大阻力值为 722 527.36。植被覆盖因子累积阻力值的变化表现为由生态源地向周围地区逐渐增大的趋势，此趋势受各区域内的植被覆盖密度决定。在阻力值较大区域，不能为湿地生物迁移提供较好的隐蔽条件和充足的食物，需要通过格局优化，增加控制点来加强安全格局。

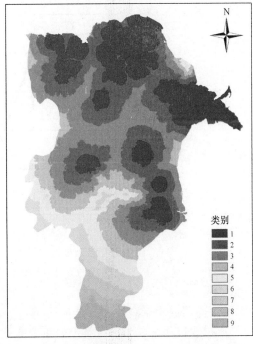

图 3.35　东营市植被覆盖因子最小累积阻力面　　图 3.36　东营市植被覆盖因子最小累积阻力分类

对植被覆盖因子（NDVI）最小累积阻力面进行 1/2 方差重分类（Reclassify），共分为 9 类，并进行分类区统计（Zonal Statistics），得到植被覆盖因子最小累积阻力 1/2 方差分类表（表 3.39），通过图 3.37 可以看出，植被覆盖因子最小累积阻力 1/2 方差分类中，在 C3 类别处出现了一个突变过程，C3 类别前曲线变化平缓，而在 C3 和 C4 之间出现了急剧下降过程，从 C4 类别开始趋向缓慢减小的趋势，到 C6 类别处又出现了幅度较小的突变过程。C3、C6 类别是植被覆盖因子（NDVI）影响和控制景观生态安全格局的阈值，阈值内的区域，植被覆盖密度较大，隐蔽条件好，食物充足，物种迁移扩散过程中克服的阻力相对较小，因此，是较适宜的栖息场所。

表 3.39　植被覆盖因子最小累积阻力 1/2 方差分类

类别	累积阻力值（像元值）	像元数量（个）
C1	3 482 960 000	227 109
C2	18 689 500 000	221 010
C3	30 658 500 000	200 961
C4	20 207 200 000	89 150
C5	22 538 500 000	74 646
C6	17 607 100 000	47 532
C7	7 801 250 000	17 604
C8	6 331 380 000	12 173
C9	17 858 200 000	28 740

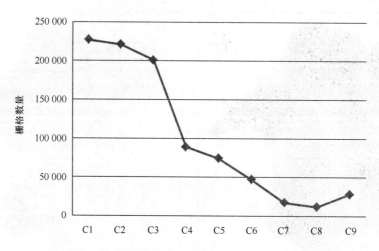

图 3.37　植被覆盖因子最小累积阻力 1/2 方差分类类别与
栅格数量（面积）关系

4）道路因子景观生态安全格局

道路建设作为人为干扰类型的重要方式，对湿地生物分布的影响明显。道路建设具有阻隔等负面效应，从而对湿地生境产生干扰，分析表明，级别越高的道路，产生的负面效应越大。因此本书选取东营市省级以上道路来分析道路因子对景观生态安全格局的影响。

对道路因子进行费用距离（Cost Distance）计算，得到道路因子最小累积阻力面（图 3.38），可以看出，生态源地所在区域阻力值较小，而越靠近城镇区域，随着路网密度增大，阻力值呈增大的趋势。对道路因子最小累积阻力面进行 1/2 方差重分类（图 3.39），可以看出东营市中心城区、河口区、利津县等城区相对阻力值较高，而源地所在区域，如东营市东部和北部的黄河三角洲保护区及周边区域的阻力值相对较小。

对道路因子最小累积阻力面进行 1/2 方差分类得到 9 类分类图层（表 3.40），并根据不同阻力类别与栅格数量（面积）关系作出曲线图（图 3.40）。可以看出在 C2 和 C4 类别处出现突变点，但 C4 类别处突变比 C2 类别稍平缓，说明 C2 类别处为道路因子影响和控制景观生态安全格局的阈值，在阈值内的区域，湿地生物迁移扩散过程所需克服的阻力较小，较适宜物种栖息，因此属较高景观安全格局。紧临 C2 阈值的区域为生态安全格局的缓冲区，因此，C3 和 C4 类别处为道路因子景观生态安全格局的缓冲区，在缓冲区以外的区域不适宜湿地生物生存和移动，阻力值较高，生存耗费的成本较大，即低生态安全区。

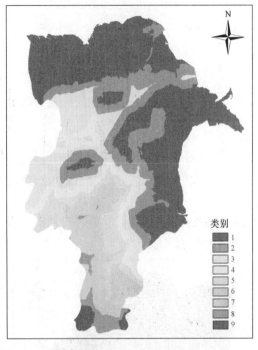

图 3.38　东营市道路因子最小累积阻力面　　　图 3.39　东营市道路因子最小累积阻力分类

表 3.40　道路因子最小累积阻力 1/2 方差分类

类别	累积阻力值	像元数量（个）
C1	5 580 030	376 522
C2	8 014 850 000	154 957
C3	28 516 000 000	122 129
C4	19 158 500 000	54 500
C5	35 427 500 000	69 793
C6	38 152 300 000	60 449
C7	37 997 200 000	48 200
C8	18 728 000 000	20 590
C9	13 463 000 000	12 207

3.3.4.4　综合景观生态安全格局分析

　　将本章所作的海拔、土地利用类型、植被覆盖和道路 4 个单因子阻力面，利用 Arc-GIS 中 Raster Calculator 功能对各因子阻力面按权重进行叠加计算，得到综合累积阻力面，再利用费用距离模块，通过已知"源"地，计算得到能够反映地貌特征、景观类型、植被覆盖信息和人为干扰等因素对东营市湿地景观的综合最小累积阻力面（图 3.41）。

　　由得到的综合最小累积阻力面进行 1/2 方差重分类得到 9 个重分类类别（图

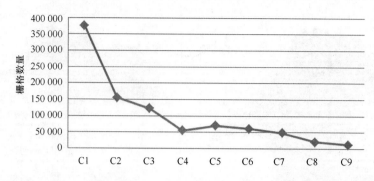

图 3.40　道路因子最小累积阻力 1/2 方差分类类别与栅格数量（面积）关系

3.42），利用分类区统计功能，得到东营市 2010 年综合最小累积阻力面进行 1/2 方差重分类的分类表（表 3.41）。

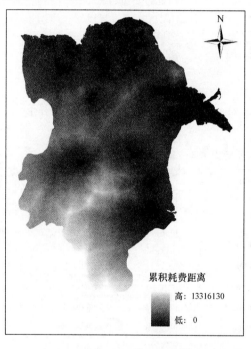

图 3.41　东营市综合最小累积阻力面

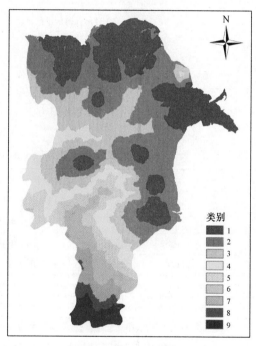

图 3.42　东营市综合最小累积阻力分类

表 3.41　综合最小累积阻力进行 1/2 方差重分类

类别	累积阻力值	像元数量（个）
C1	2 827 120 000	228 669
C2	27 436 200 000	269 877
C3	36 571 400 000	153 284
C4	31 152 500 000	82 433
C5	34 841 500 000	67 640

续表

类别	累积阻力值	像元数量（个）
C6	33 933 700 000	52 023
C7	19 941 300 000	25 127
C8	12 019 200 000	13 032
C9	30 304 300 000	26 840

通过综合最小累积阻力 1/2 方差分类类别与栅格数目（面积）关系图（图 3.43）和综合最小累积阻力进行 1/2 方差重分类表（表 3.41）可以看出，最终生成的综合最小累积阻力图层中，从 C1 到 C2 类别过程中发生了明显的突变，从 C2 类别开始持续递减，并在 C4 处出现了另一较明显的突变，从 C4 类别起逐渐趋向平稳。根据 C2、C4 类别突变处的阻力值作为临界阈值，将东营市划分为高、中、低三个等级的生态安全格局（图 3.44）。

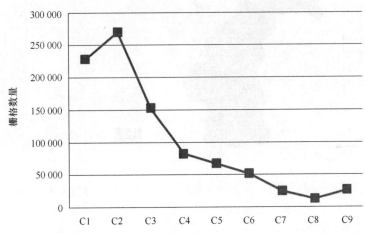

图 3.43　综合最小累积阻力 1/2 方差分类类别与栅格数量（面积）关系

高生态安全格局区域是受地貌、植被覆盖、土地利用、人为干扰等控制下形成的较适宜湿地生物生存的区域，即 C1 和 C2 类别区域；紧临该区域的是 C3 和 C4 类别区域，与高生态安全区域相比，湿地生物在此区域生存和迁移所需克服的阻力有所上升，生态环境的脆弱性有所增强，因此，此区域为湿地生物生存的中度适宜生态安全区域，称之为生态安全格局的缓冲区，不同的安全水平使得缓冲区的宽度不同。在缓冲区外围区域，即为 C4 和 C8 类别之间所在的区域，这些区域是不适宜湿地生物生存的风险较高区域，称之为低生态安全格局区域，这类区域在地貌、植被覆盖、土地利用、人为干扰等因素的综合影响下，湿地生物生存的最小累积阻力较大，生态环境脆弱性显著增加，景观生态安全格局较低。

3.3.4.5　景观格局优化

从景观生态学角度，按景观类型对区域各生态流、物质流和能量流所起作用的不

115

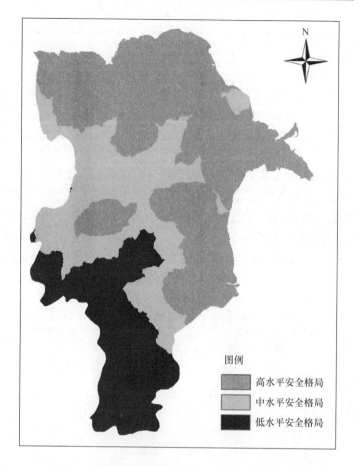

图3.44　东营市湿地保护综合景观生态安全格局

同，可将景观划分为"源"和"汇"两种景观类型。"源"景观是指那些能促进过程发展的景观类型，能对湿地生态环境起到改善和调节作用，如水域、林地等；而"汇"景观则是指那些能阻止或延缓过程发展的景观类型，如建设用地、旱地等。通过对"源"、"汇"两种景观的划分，将过程的内涵融于景观格局分析中，"源"、"汇"景观的变化不仅会对整个区域的生态环境产生影响，而且会对区域生态系统的稳定性和安全性产生重要的影响。另外，对于生物多样性保护来说，"源"景观是能为目标物种提供栖息环境，满足种群生存，以及利于物种向外扩散的资源斑块；而不利于物种生存与栖息的斑块可以称为"汇"景观。

（1）确定生态源地

根据本章前节确定的生态源地，主要包括东营市的黄河三角洲自然保护区、孤河水库、孤北水库、东张水库、水镇水库、广北水库、辛安水库、广南水库以及刁口段呈条带状分布的芦苇、沼泽、草甸湿地等区域。这些源地对控制并促进区域生态功能的稳定性起到至关重要的作用，所以，应当加强保护力度，维持、增大这些源地斑块的面积，从而提高景观生态功能。此步可通过 GIS 的查询功能，将核心斑块提取出来（图3.45）。

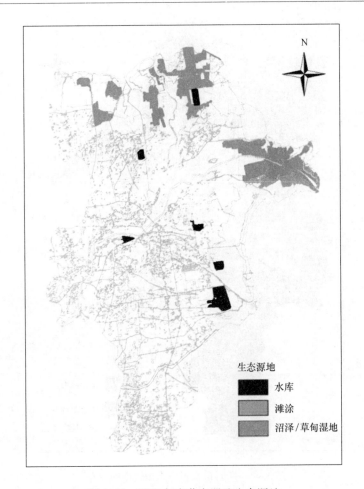

图 3.45　2010 年东营市湿地生态源地

（2）构建生态廊道

建立生态廊道，目的是联系起各孤立的"源"斑块，为斑块间提供生物流、物质流以及信息流的流通途径。从保护生物学视角来看，这有助于物种的生存、迁移和延续。而从景观生态学视角，则增加了景观斑块之间的连通性，增加了区域景观稳定性。本书利用 ArcGIS 软件分析中的水文分析模块，在景观累积阻力面计算的基础上，对景观生态流的"脊线"和"谷线"进行提取，并进行邻域分析、阈值处理，从而得到景观格局生态流的最小耗费路径，即生态廊道的空间分布（图 3.46）。

（3）识别生态节点

基于以上最大和最小耗费路径的分析，在最小和最大耗费路径的交汇处或者耗费路径的不连续处，结合研究区的景观格局特征，剔除那些处于研究区边缘以及内部的伪生态节点，可以得到景观生态节点的空间分布位置（图 3.47）。

生态节点处于生态源地之间、自然湿地与人工湿地之间，对区域景观生态流影响起着关键作用，生态节点的构建可以把各源地之间的生态廊道紧密联系起来，构成生态节点、廊道、源地景观网络系统格局，从而优化区域景观格局，改善景观格局破碎和连通

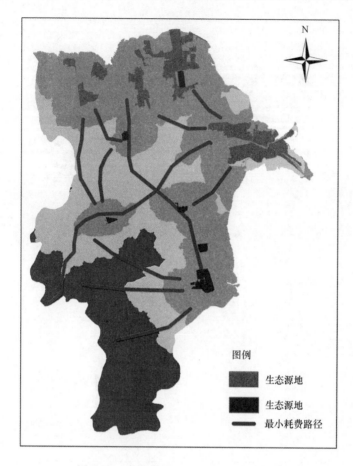

图 3.46　东营市景观生态廊道空间分布

性低的现状，实现景观格局优化目标。

3.3.4.6　不同安全水平区域的湿地保护策略

通过识别不同安全水平的景观格局（表 3.42），针对不同的安全区域提出相应的保护策略。

表 3.42　东营市不同安全水平的湿地类型面积与比例

土地利用类型	高安全水平		中安全水平		低安全水平	
	面积（km^2）	占比（%）	面积（km^2）	占比（%）	面积（km^2）	占比（%）
滩涂	298.28	8.00	0.06	0.00	0.00	0.00
河流	87.97	2.36	28.81	1.43	11.94	0.73
草甸湿地	510.39	13.68	8.34	0.41	1.40	0.09
灌丛湿地	82.69	2.22	0.26	0.01	0.00	0.00
水库/坑塘	203.89	5.47	52.89	2.63	14.62	0.89
人工水渠	17.63	0.47	9.06	0.45	4.64	0.28

土地利用类型	高安全水平		中安全水平		低安全水平	
	面积（km²）	占比（%）	面积（km²）	占比（%）	面积（km²）	占比（%）
养殖水面	484.74	13.00	14.61	0.73	0.00	0.00
盐田	397.08	10.65	6.25	0.31	0.00	0.00
水田	94.77	2.54	1.39	0.07	0.00	0.00
旱地	1 253.10	33.60	1 417.52	70.53	1 109.71	67.62
交通用地	3.20	0.09	13.09	0.65	18.68	1.14
建设用地	244.67	6.56	449.01	22.34	476.97	29.06
盐碱地	49.28	1.32	0.00	0.00	0.00	0.00
其他	2.10	0.06	8.53	0.42	3.22	0.20
合计	3 729.79	100.00	2 009.82	100.00	1 641.18	100.00

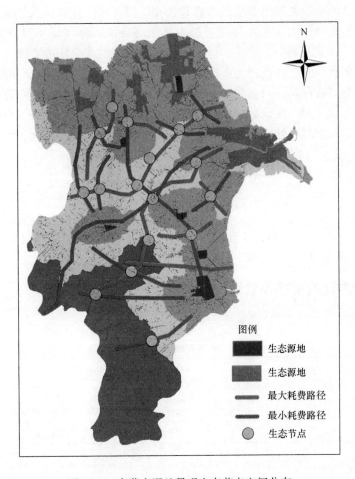

图 3.47 东营市湿地景观生态节点空间分布

研究区域内高安全水平的土地面积为 3 790. 27 km²，占区域总面积的49.32%，该区域内沼泽草甸湿地、盐田和养殖水面的面积占区域总面积的比例都在 10% 以上，滩涂也占到了 8%，同时分布有较多的水库/坑塘、灌丛和河流等湿地类型，且旱地占有适中，建设用地分布规模小。从形态来看，高安全水平地区的景观类型，斑块形状自然，均为斑块较大的自然保护区或集中度较高的天然湿地。对于该区域，应控制建设活动对"源"地、生态廊道、生态节点等景观安全组分的干扰，特别要注重对沼泽、草甸、滩涂等湿地的保护，另外，要开展对已受人类活动破坏的关键性地带进行生态修复，要禁止城市建设和农业开垦对湿地的侵占，保护区域大型湿地生态系统。

研究区内中安全水平的土地面积为 2 009. 82 km²，为该区域总面积的26.57%，区域内沼泽/草甸湿地、盐田、养殖水面等景观类型的面积与高安全水平区域相比骤降，已基本没有滩涂和灌丛湿地，但水库/坑塘和河流等水域面积的变化相对较小，建设用地和旱地的面积比例增长迅速。中安全水平区域为湿地自然保护区和较大面积湿地斑块等生态"源"地或生态廊道的缓冲区，该区域要保障好水库、河流等水域的水质安全，为湿地生境的保护和珍禽提供安全的水源和食物，以促进其迁移扩散等生态过程。该区域应以自然型土地利用为主，创造良好的自然生态环境，限制城市建设用地的过度侵占，因地制宜，合理发展生态农业，以满足各生态廊道的综合功能要求。

区域低安全水平的土地面积为 1 641. 18 km²，为该区域面积的21.70%。区域内已基本没有湿地类型的存在，只有少量水库、河流等水域用地的分布，而建设用地和旱地已占有绝对优势。因此，在该区域应注意生态廊道的建设，应该在保护自然的前提下开展生产建设活动，要严格处理垃圾和废弃物，以实现污染物的无害化、资源化。

3.4 区域集约用海布局优化综合指标体系构建

综合上述三类指标的基础上，形成区域的集约用海优化综合评估指标体系（见图3.48）。经过专家咨询，水动力评价指标、经济效益评价指标和景观格局分析指标的权重分别为0.6、0.3和0.1。

3.4.1 水动力评价指标等级划分

水动力评价指标等级划分详见表3.43。

表3.43 水动力评价指标等级划分

水动力评价指数范围	标准化值（Z1）	指标意义
$I \geqslant 19$	0.2	集约用海对水动力影响很大，考虑放弃该工况实施
$10 \leqslant I < 19$	0.6	集约用海对水动力影响较大，可作为慎重选择工况，需要部分调整
$I < 10$	1.0	集约用海对水动力影响较小，可作为拟选工况

3.4.2 经济效益指标等级划分

经济效益指标等级划分详见表3.44。

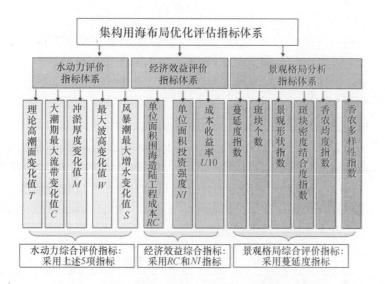

图 3.48　区域集约用海布局用海评估指标体系确定

表 3.44　经济效益指标等级划分

经济效益评价指标范围	标准化值（Z2）	指标意义
0.2～0.4	0.2	集约用海产生的经济效益不足以支撑当地经济的发展，需要调整产业布局
0.4～0.8	0.6	集约用海产生的经济效益对支撑当地经济发展起到一定的作用
0.8～1.0	1.0	集约用海产生的经济效益对当地经济的发展贡献较大

3.4.3　景观格局分析指标等级划分

采用蔓延度指数指示景观格局分析指标，详见表 3.45。

表 3.45　景观格局分析指标等级划分

景观格局分析指标	标准化值（Z3）	指标意义
$75 \leqslant CONTAG \leqslant 100$	1.0	高度集聚，破碎化程度较小
$50 \leqslant CONTAG < 75$	0.6	中度集聚，破碎化程度一般
$0 \leqslant CONTAG < 50$	0.2	低度集聚，当 CONTAG 数值越小，表明斑块越分散，各类型的斑块数增加，破碎化程度增加

3.4.4　布局优化综合指标分值计算

集约用海区用海布局评价综合指标分值计算按照公式（3.33）计算：

$$B_i = Z_1 \times 0.6 + Z_2 \times 0.3 + Z_3 \times 0.1 \tag{3.33}$$

式中：

B_i——评价指标总分值；

Z_1、Z_2、Z_3——水动力评价指标、经济效益评价指标和景观格局分析指标的标准化值。

3.4.5 区域集约用海布局优化评估等级划分

为了对区域集约用海布局进行优化评估开展综合判断，可根据布局优化综合指标分值的大小进行空间布局优劣程度的等级划分。当布局优化综合指标分值大于 0.8 时，其集约用海空间布局较好，可以作为拟选工况，可按照工况开展实施；当布局优化综合指标分值处于 0.6~0.8 之间时，其集约用海空间布局一般，可以作为慎选工况，需要局部调整后开展实施；当布局优化综合指标分值小于 0.6 时，其集约用海空间布局较差，需要作重大调整后开展实施，具体见表 3.46。

表 3.46　布局优化综合评估等级划分

布局优化综合指标分值（B_i）	指标意义
$B_i > 0.8$	集约用海空间布局较好，可以作为拟选工况，可按照工况开展实施
$0.6 \leq B_i \leq 0.8$	集约用海空间布局一般，可以作为慎选工况，需要局部调整后开展实施
$B_i < 0.6$	集约用海空间布局较差，需要作重大调整后开展实施

3.5　试点应用情况

本节选取莱州湾作为集约用海优化布局综合指标体系的试点应用区域。目前，莱州湾主要有龙口湾临港高端制造业聚集区一期（龙口部分）和潍坊滨海生态旅游度假区两大集约用海项目正在实施。

3.5.1 水动力评价指标

根据 3.1 节评价结果，2012—2010 年莱州湾集约用海水动力影响综合评价指数为 9；根据表 3.43，水动力评价指标标准化值 Z_1 为 1.0。

3.5.2 经济效益评价指标

（1）龙口湾临港高端制造业聚集区一期（龙口部分）

①单位面积围海造陆工程成本（RC）

龙口湾临港高端制造业聚集区一期（龙口部分）建设估算总投资 1 994 221.99 万元，填海面积 3 342.71 hm²，单位面积围海造陆工程成本为 596.6 万元/hm²，根据表 3.11，属于Ⅳ区，指标为 0.4。

②单位面积投资强度（NI）

龙口湾临港高端制造业聚集区一期（龙口部分）招商引资协议总投资为 681.3 亿元，总用海面积 $A = 37\,850$ 亩（2 505 hm²）。计算可得，龙口湾临港高端制造业聚集区单位面积用海投资强度 NI 为 2 720 万元/hm^2，大于规划时确定的投资预期标准即 2 700 万元/hm^2。龙口海域属于三等海域，单位面积投资强度最低限制为 3 000 万元/hm^2，很明显龙口海域目前的投资强度低于最低限值。

根据该集约用海区产业定位，选定行业"37 交通运输设备制造业"查阅《工业项目建设用地控制指标》发现，龙口湾集约用海区属于四类九等，工业项目投资强度标准为≥1 555 万元/hm^2，远大于《工业项目建设用地控制指标》所确定的工业项目投资强度控制指标。

龙口湾集约用海区也采用天津临港工业区一期工程用海投资强度现值为理想值，则龙口湾临港高端制造业聚集区一期（龙口部分）单位面积用海投资强度大于最低限值但小于理想值，其指标值为 0.6。

③经济指标综合分值计算

龙口湾临港高端制造业聚集区一期（龙口部分）经济指标综合分值：单位面积围海造陆工程成本指标分值×0.4 + 单位面积投资强度指标分值×0.6，即 0.4 × 0.4 + 0.6 × 0.6 = 0.52。

（2）潍坊滨海生态旅游度假区

①单位面积围海造陆工程成本（RC）

潍坊滨海生态旅游度假区建设估算总投资 760 000 万元，填海面积 2 545.720 8 hm^2，单位面积围海造陆工程成本为 298.5 万元/hm^2，根据表 3.11，属于Ⅱ区，指标为 0.8。

②单位面积投资强度（NI）

潍坊滨海生态旅游度假区招商引资协议总投资为 484.5 亿元，总用海面积 2 225.6 hm^2。计算可得，其单位面积投资强度 NI 为 1 901.2 万元/hm^2。潍坊市滨海海域属于五类海域，单位面积投资强度最低限制为 2 000 万元/hm^2，很明显该区海域目前的投资强度低于最低限值。根据表 3.12，潍坊滨海生态旅游度假区单位面积用海投资强度指标值为 0.2。

③经济指标综合分值计算

潍坊滨海生态旅游度假区经济指标综合分值：单位面积围海造陆工程成本指标分值×0.4 + 单位面积投资强度指标分值×0.6，即 0.8 × 0.4 + 0.2 × 0.6 = 0.44。

按照上述两个集约用海区经济指标分析，两者指标都在 0.4 ~ 0.8 之间，根据表 3.44，经济效益评价指标标准化值（$Z2$）为 0.6。

3.5.3　景观格局分析指标

采用蔓延度指数指示景观格局分析指标。

根据 3.3 节莱州湾景观格局分析结果，2010 年莱州湾蔓延度指数（$CONTAG$）为 69.226 7，因此根据表 3.45，景观格局分析指标标准化值 $Z3$ 为 0.6。

综合上述指标分析，根据公式（3.32）得知，莱州湾集约用海区现有布局优化综合指标分值：$B_i = Z1 × 0.6 + Z2 × 0.3 + Z3 × 0.1 = 1.0 × 0.6 + 0.6 × 0.3 + 0.6 × 0.1 = 0.84$，因此，根据表 3.46，$B_i > 0.8$，表明莱州湾集约用海空间布局较好，可以作为拟选工况，可按照工况开展实施。

第4章 集约用海区专题信息提取

集约用海区专题信息提取包括渤海海岸线提取、围填海数据提取以及海岸带土地利用信息提取。

4.1 监测内容

岸线类型（包括砂质、淤泥质、基岩与人工岸线）、分布及长度；
围填海分布及面积；
海岸带土地利用类型及空间分布状况。

4.2 技术要求

监测频次：2000 年至 2005 年、2005 年至 2008 年、2008 年至 2010 年。
卫星数据要求：可业务化获取的 20～30 m 卫星，包括中巴资源卫星（CBERS）的 CCD 数据和陆地卫星 TM 数据。其中，CBERS 数据空间分辨率 19.5 m，陆地卫星 TM 数据空间分辨率 30 m，二者空间分辨率均满足监测需求。
精度要求：信息提取中的图像纠正同名地物偏差平均不超过 2 个像元或实地 60 m、分类属性精度优于 90%，制图符合中国科学院相关项目 1∶10 万专题图要求。

4.3 监测方法

以遥感监测为主，结合实地调研、地形图及历史资料进行综合分析。

4.3.1 渤海海岸线和围填海遥感监测

渤海海岸线和围填海遥感解译包括海岸线类型、海岸线位置和围填海分布分析三部分内容。

（1）海岸线类型及遥感解译标志

根据中国海岸类别划分和渤海湾海岸物质组分特点，将渤海海岸线类型划分为：人工岸线、砂质岸线、淤泥质岸线和基岩岸线。各类海岸线的定义及遥感解译标志见表 4.1，渤海海岸线的遥感影像类型示例见图 4.1。

表 4.1　渤海海岸线遥感影像解译标志

海岸线类型	代码	定义	解译标志
人工岸线	1	由水泥和石块构筑，具有明显的线性界线，一般在大潮高潮时，海水不能越过其分界线	线性界线在图像上具有较高的光谱反射率
砂质岸线	2	由陆地岩石风化或河流输入的沙粒在海浪作用下堆积形成	沙滩在卫星影像上的反射率比其他地物要高，并且质地均匀，色调发白
淤泥质岸线	3	由淤泥或杂以粉砂的淤泥（主要是指粒径为 0.05 ~ 0.01 mm 的泥沙）组成，多分布在输入细颗粒泥沙的大河入海口沿岸	高潮滩由于多数时间露在水面之上，在影像上呈浅灰色调；对于耐盐植物生长良好的滩面，生长在滩面上的耐盐植物呈红或红褐色调，其上部往往盐渍化程度较高，多为灰白或白色调；中潮滩由于波浪频繁作用，表现为较多的潮蚀沟和潮蚀坑，对阳光有较强的反射力，影像呈浅灰或灰褐色调
基岩岸线	4	由坚硬岩石组成的海岸称为基岩海岸。基岩海岸常有突出的海岬，在海岬之间，形成深入陆地的海湾，岬湾相间，海岸线十分曲折	海水与基岩海岸的分界线就是基岩岸线，解译特征是海岬角以及直立陡崖的水陆直接相接地带，直立陡崖反射率较高，色调发白

（2）海岸线位置遥感监测方法

本研究在参考以往关于海岸线遥感提取方法基础上，结合研究区域广、所用遥感影像时相不同等特点，按照如下原则确定海岸线的空间位置。

①人工海岸是由水泥和石块构筑，一般有规则的水陆分界线，例如码头、船坞等规则建筑物，在卫星影像上具有较高的光谱反射率，与光谱反射率很低的海水容易区分。因此选择人工海岸向海一侧为海岸线。

②砂质海岸是砂粒在海浪作用下堆积形成，在卫星影像上的反射率较高。自然状态的砂质海岸中会有部分沙滩在高潮线以上，并且易与水泥公路、采砂坑等在遥感影像上有较高反射率的地物混淆。将各个年度的遥感影像做对比，发现砂质岸线在影像上的变化并不明显；并且在较大区域的砂质海岸宽度差别也很大，野外观测发现部分地区沙滩宽度不及 Landsat TM 影像 1 个像元宽度（30 m），若沿砂质海岸向陆一侧解译海岸线，则很可能包含公路等人工地物的宽度，因此选择砂质海岸的水陆分界线为海岸线。

③对于已开发或面积较小的淤泥质海岸，可以选择其他地物如植被、虾池、公路等与淤泥质岸滩的分界线作为海岸线，在大潮高潮时，海水不能越过其分界线。对于无人工开发的淤泥质海岸，平均大潮高潮线以上的裸露土地与平均大潮高潮线以下的潮滩，在影像上大多会呈现色彩的差异，其分界线可以作为海岸线。

④基岩海岸是海浪长期侵蚀海岸边的岬角所形成的，海岬角以及直立陡崖的水陆直接相接地带可以作为基岩海岸的海岸线。

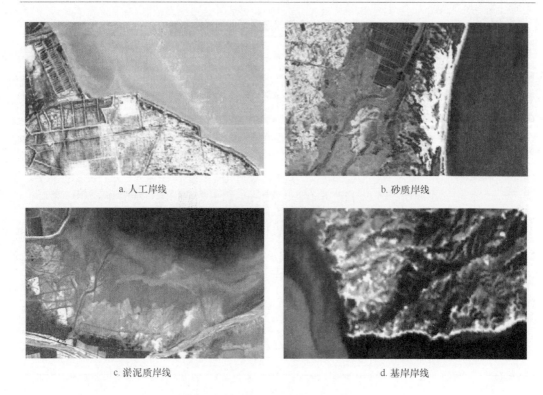

a. 人工岸线　　　　　　　　　　　　　　b. 砂质岸线

c. 淤泥质岸线　　　　　　　　　　　　　d. 基岩岸线

图 4.1　渤海海岸线遥感影像类型示例

（3）围填海遥感分类系统及其遥感解译

围填海遥感分类系统及其遥感解译标志如下。

①港口建设用海：通过围填海域形成土地并用于港口建设的工程用海，见图 4.2。

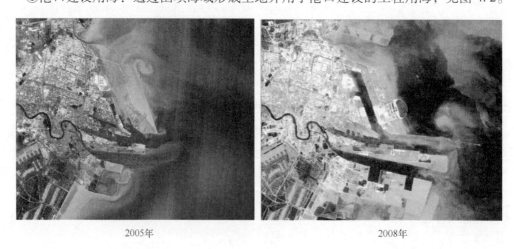

2005年　　　　　　　　　　　　　　　　2008年

图 4.2　港口建设用海

②城镇建设用海：通过围填海域形成土地并用于城镇建设的工程用海，见

126

图 4.3。

2000年　　　　　　　　　　　　2010年

图 4.3　城镇建设用海

③围垦用海：通过围填海域形成土地并用于农林牧业的工程用海，见图 4.4。

2000年　　　　　　　　　　　　2010年

图 4.4　围垦用海

④围海养殖：通过围海筑堤进行养殖所使用的海域，见图 4.5。

⑤盐田用海：盐田及其取水口所使用的海域，见图 4.6。

⑥其他用海：未知用途围海等，见图 4.7。

4.3.2　土地利用状况监测

渤海土地利用分类系统包括 6 个一级类型和 25 个二级类型，具体见表 4.2。

2000年 2010年

图4.5 围海养殖

2000年 2010年

图4.6 盐田用海

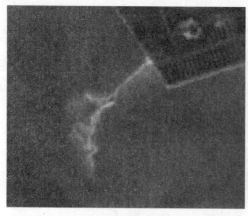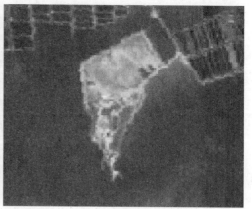

2000年 2010年

图4.7 其他用海

表 4.2　渤海三大湾土地利用类型

一级类型		二级类型		含义
代码	名称	代码	名称	
1	耕地			指种植农作物的土地，包括熟耕地、新开荒地、休闲地、轮歇地、草田轮作地；以种植农作物为主的农果、农桑、农林用地；耕种三年以上的滩地和海涂
		11	水田	指有水源保证和灌溉设施，在一般年景能正常灌溉，用以种植水稻、莲藕等水生农作物的耕地，包括实行水稻和旱地作物轮种的耕地
		12	旱地	指无灌溉水源及设施，靠天然降水生长作物的耕地；有水源和浇灌设施，在一般年景下能正常灌溉的旱作物耕地；以种菜为主的耕地；正常轮作的休闲地和轮歇地
2	林地			指生长乔木、灌木、竹类以及沿海红树林地等林业用地
		21	有林地	指郁闭度大于 30% 的天然林和人工林，包括用材林、经济林、防护林等成片林地
		22	灌木林地	指郁闭度大于 40%、高度在 2 m 以下的矮林地和灌丛林地
		23	疏林地	指郁闭度为 10%～30% 的稀疏林地
		24	其他林地	指未成林造林地、迹地、苗圃及各类园地（果园、桑园、茶园、热作林园等）
3	草地			指以生长草本植物为主、覆盖度在 5% 以上的各类草地，包括以牧为主的灌丛草地和郁闭度在 10% 以下的疏林草地
		31	高覆盖度草地	指覆盖度大于 50% 的天然草地、改良草地和割草地，此类草地一般水分条件较好，草被生长茂密
		32	中覆盖度草地	指覆盖度在 20%～50% 的天然草地和改良草地，此类草地一般水分不足，草被较稀疏
		33	低覆盖度草地	指覆盖度在 5%～20% 的天然草地，此类草地水分缺乏，草被稀疏，牧业利用条件差
4	水域			指天然陆地水域和水利设施用地
		41	河渠	指天然形成或人工开挖的河流及主干渠常年水位以下的土地。人工渠包括堤岸
		42	湖泊	指天然形成的积水区常年水位以下的土地
		43	水库坑塘	指人工修建的蓄水区常年水位以下的土地
		44	冰川和永久积雪	指常年被冰川和积雪覆盖的土地
		45	海涂	指沿海大潮高潮位与低潮位之间的潮浸地带
		46	滩地	指河、湖水域平水期水位与洪水期水位之间的土地
5	城乡工矿居民用地			指城乡居民点及其以外的工矿、交通等用地
		51	城镇用地	指大城市、中等城市、小城市及县镇以上的建成区用地
		52	农村居民点用地	指镇以下的居民点用地
		53	工交建设用地	指独立各级居民点以外的厂矿、大型工业区、油田、盐场、采石场等用地，以及交通道路、机场、码头及特殊用地

一级类型		二级类型		含义
代码	名称	代码	名称	
6	未利用地	目前还未利用的土地，包括难利用的土地		
		61	沙地	指地表为沙覆盖、植被覆盖度在5%以下的土地，包括沙漠，不包括水系中的沙滩
		62	戈壁	指地表以碎石为主、植被覆盖度在5%以下的土地
		63	盐碱地	地表盐碱聚集、植被稀少，只能生长强耐盐碱植物的土地
		64	沼泽地	指地势平坦低洼、排水不畅、长期潮湿、季节性积水或常年积水，表层生长湿生植物的土地
		65	裸土地	指地表土质覆盖、植被覆盖度在5%以下的土地
		66	裸岩石砾地	指地表为岩石或石砾，其覆盖面积大于50%的土地
		67	其他	指其他未利用土地，包括高寒荒漠、苔原等

4.4 主要分析结果

4.4.1 海岸线及围填海数据分析结果

1）环渤海海岸线状况

（1）辽宁省海岸线状况

2000—2012年辽宁省渤海海岸线长度增加了163.90 km，年均增加13.66 km，变化强度为1.12%。海岸线变化主要集中在锦州湾、双台子河口、辽河口、长兴岛南部等附近区域（图4.8），主要海岸带工程有锦州西海工业区、盘锦辽滨经济开发区、营口沿海产业基地、长兴岛临港工业区等。

辽宁省海岸线变化强度自2008年后开始增强，其中2010—2012年最大，为2.16%；其次为2008—2010年，海岸线变化强度为2.09%；2000—2005年、2005—2008年海岸线变化强度相对较小，分别为0.59%和0.46%。

2000—2012年辽宁省人工岸线增加了349.57 km，比例增加了52.58%；砂质岸线减少了61.55 km，比例减小了28.25%；淤泥质岸线减少了26.24 km，比例减小了59.31%；基岩岸线减少了97.89 km，比例减小了33.69%（表4.3）。

表4.3 辽宁省渤海海岸线遥感监测数据结果统计　　　　单位：km

地区	类型	年度				
		2000	2005	2008	2010	2012
辽宁省	人工岸线	664.79	766.52	815.63	919.30	1 014.36
	砂质岸线	217.89	205.13	190.73	170.56	156.35
	淤泥质岸线	44.24	33.02	31.50	21.52	18.00
	基岩岸线	290.58	249.01	233.30	212.84	192.69
	合计	1 217.50	1 253.68	1 271.16	1 324.22	1 381.40

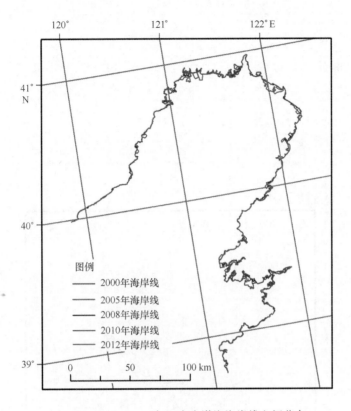

图 4.8　2000—2012 年辽宁省渤海海岸线空间分布

（2）河北省海岸线状况

2000—2012 年河北省海岸线长度增加了 133.75 km，年均增加 11.15 km，变化强度为 3.05%，海岸线变化主要集中在滦河口、滦南县以及黄骅市沿海区域（图 4.9），主要海洋工程有滦河口海涂养殖坑塘建设、曹妃甸循环经济区建设以及沧州渤海新区、黄骅港建设等。

河北省海岸线在 2005—2008 年、2010—2012 年两个时段的变化强度相对较大，其中 2010—2012 年海岸线变化强度最大，为 5.63%；其次为 2005—2008 年，海岸线变化强度为 3.98%；2000—2005 年与 2008—2010 年河北省海岸线变化强度相对较小，分别为 1.51% 和 0.97%。

2000—2012 年河北省人工岸线增加了 154.97 km，比例增加了 59.74%；砂质岸线减少了 11.16 km，比例减小了 12.35%；淤泥质岸线减少了 10.07 km，比例减小了 84.93%；基岩岸线保持不变（表 4.4）。

131

表 4.4　河北省海岸线遥感监测数据结果统计　　　　单位：km

地区	类型	年度				
		2000	2005	2008	2010	2012
河北省	人工岸线	259.40	294.95	344.02	353.60	414.37
	砂质岸线	90.34	90.12	88.64	87.81	79.19
	淤泥质岸线	11.85	4.20	3.59	3.35	1.79
	基岩岸线	4.09	4.09	4.09	4.09	4.09
	合计	365.68	393.36	440.34	448.85	499.44

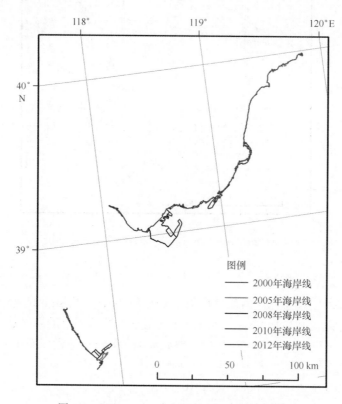

图 4.9　2000—2012 年河北省海岸线空间分布

（3）山东省海岸线状况

2000—2012 年山东省渤海海岸线长度增加了 61.02 km，年均增加 5.09 km，变化强度为 0.59%，海岸线变化主要集中在滨州市沿海、黄河口、莱州湾南部沿海等区域（图 4.10），主要海岸带工程有滨州经济开发区建设、龙口港建设、潍坊港建设、昌邑沿海经济开发区建设等。

山东省海岸线变化强度呈现出缓慢波动降低趋势。其中 2000—2005 年海岸线变化强度最大，为 1.31%；其次为 2008—2010 年，变化强度为 1.02%；再次为 2010—2012 年，变化强度为 0.41%；2005—2008 年海岸线变化强度最小，为 -0.76%，海岸线长度减小由海岸线形状的裁弯取直导致（表 4.5）。

表 4.5　山东省渤海海岸线遥感监测数据结果统计　　　　　　单位：km

地区	类型	年度				
		2000	2005	2008	2010	2012
山东省	人工岸线	604.90	651.02	632.80	643.94	673.36
	砂质岸线	107.39	95.23	90.17	90.17	81.53
	淤泥质岸线	135.22	157.40	161.42	169.02	155.96
	基岩岸线	10.34	10.34	8.74	8.20	8.02
	合计	857.85	913.99	893.13	911.33	918.87

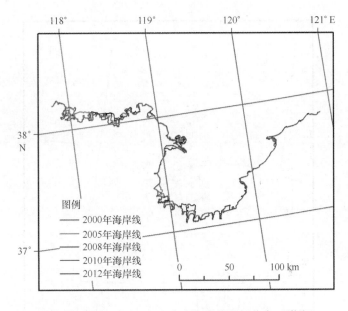

图 4.10　2000—2012 年山东省海岸线空间分布（渤海）

（4）天津市海岸线状况

2000—2012 年天津市海岸线长度增加了 156.09 km，年均增加 13.01 km，变化强度为 8.88%，其主要由天津港及邻近海域的滨海新区建设导致（图 4.11）。2008—2010 年是天津市海岸线的集中变化时期，海岸线变化强度非常剧烈，为 23.33%；其次为 2010—2012 年，海岸线变化强度为 7.70%；再次为 2005—2008 年，变化强度为 5.15%；2000—2005 年海岸线变化强度相对较小，为 1.14%。

天津市地处华北平原，海岸类型属于平原海岸，随着区域建设用海的大规模开发，2000 年后天津市沿海淤泥质岸线大幅减少，自然岸线所占比例由 2000 年的 73% 降低到 2012 年的 12%（表 4.6）。

表 4.6　天津市海岸线遥感监测数据结果统计　　　　　　　　单位：km

地区	类型	年度				
		2000	2005	2008	2010	2012
天津市	人工岸线	38.58	48.28	77.72	185.46	265.76
	砂质岸线	—	—	—	—	—
	淤泥质岸线	107.95	106.59	101.09	76.78	36.86
	基岩岸线	—	—	—	—	—
	合计	146.53	154.87	178.81	262.24	302.62

注："—"表示无该岸线类型。

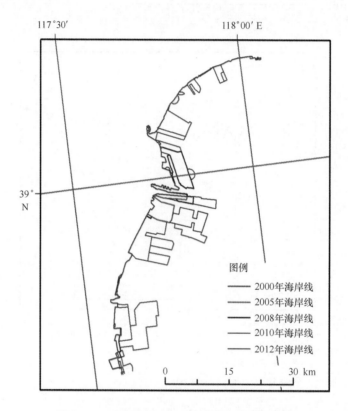

图 4.11　2000—2012 年天津市海岸线空间分布

2）围填海状况

（1）辽宁省围填海状况

2000—2012 年辽宁省围填海面积总计 546.01 km²，年均 45.50 km²，围填海活动主要集中在辽东湾、长兴岛沿海附近（图 4.12）。其中，2000—2005 年围填海面积为 108.49 km²，年均 21.70 km²；2005—2008 年围填海活动有所减缓，围填海面积为 60.55 km²，年均 20.18 km²；2008—2010 年辽宁省围填海活动加速，围填海面积为 141.24 km²，年均 70.62 km²；2010—2012 年辽宁省围填海活动继续加速，围填海面积为 235.74 km^2，年均 117.87 km^2。

　　围海养殖、港口建设用海是辽宁省最主要的围填海类型，二者合计占辽宁省围填海总面积的 82.66%。其中：2000—2012 年围海养殖累计用海面积 294.87 km^2，比例为 54.01%；港口建设用海累计用海面积 156.45 km^2，比例为 28.65%；此外，盐田用海累计用海面积 42.92 km^2，比例为 7.86%；其他用海累计用海面积 28.64 km^2，比例为 5.25%。2000—2012 年城镇建设用海和围垦用海在辽宁省相对较少，面积合计 23.12 km^2，占围填海总面积的 4.23%（图 4.13）。

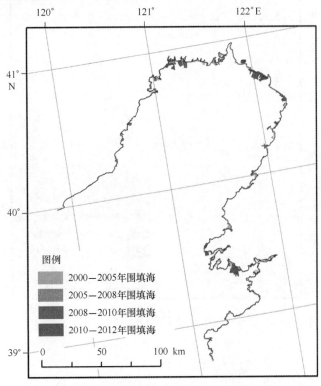

图 4.12　辽宁省 2000—2012 年围填海分布

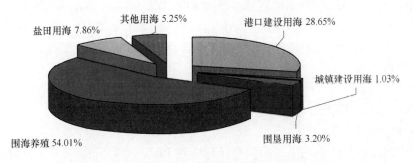

图 4.13　辽宁省 2000—2012 年围填海类型及比例

135

（2）河北省围填海状况

2000—2012 年河北省围填海面积总计为 412.90 km², 年均 34.41 km², 围填海活动主要集中在曹妃甸以及沧州渤海新区附近（图 4.14）。

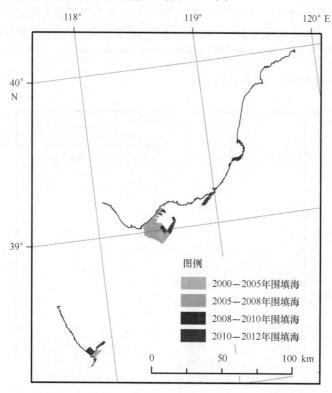

图 4.14　河北省 2000—2012 年围填海分布

其中, 2000—2005 年围填海面积为 53.60 km², 年均 10.72 km²; 2005—2008 年是河北围填海活动最剧烈的时期, 总围填海面积达到 205.49 km², 年均 68.50 km²; 2008—2010 年河北省围填海活动放缓, 围填海面积为 52.27 km², 年均 26.14 km²; 2010—2012 年河北省围填海面积回升, 围填海面积为 101.55 km², 年均 50.77 km²。

港口建设用海在河北省的围填海类型中占有绝对优势, 2000—2012 年港口建设用海面积累计 323.05 km², 占河北省围填海总面积的 78.24%。除此之外, 围海养殖用海面积总计 66.94 km², 比例为 16.21%; 其他用海面积总计为 18.12 km², 比例为 4.39%; 盐田用海面积总计为 4.29 km², 比例为 1.03%; 城镇建设用海数量极少, 面积为 0.55 km², 占围填海总面积的 0.13%（图 4.15）。

（3）山东省围填海状况

2000—2012 年山东省围填海面积总计 866.78 km², 年均 72.23 km², 围填海活动主要集中在滨州沿海、莱州湾南部和龙口湾沿海（图 4.16）。

其中, 2000—2005 年围填海面积为 418.72 km², 年均 83.74 km²; 2005—2008 年围填海活动减速, 围填海面积为 96.75 km², 年均 32.25 km²; 2008—2010 年山东省围填

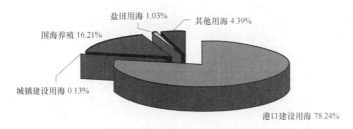

图 4.15　河北省 2000—2012 年围填海类型及比例

海活动开始加速，围填海面积为 94.79 km^2，年均 47.40 km^2；2010—2012 年山东省围填海面积突增，围填海面积为 256.52 km^2，年均 128.26 km^2。

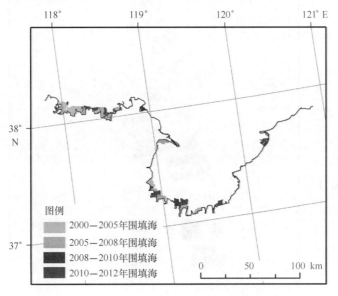

图 4.16　山东省 2000—2012 年围填海分布

盐田用海是山东省最主要的围填海类型，占山东省围填海总面积的 59.06%。其他用海面积累计为 147.58 km^2，比例为 17.03%；2000—2012 年港口建设用海面积为 106.14 km^2，比例为 12.24%；围海养殖用海累计用海面积为 101.18 km^2，比例为 11.67%。2000—2012 年山东省城镇建设用海和围垦用海忽略不计（图 4.17）。

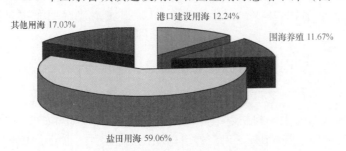

图 4.17　山东省 2000—2012 年围填海类型及比例

（4）天津市围填海状况

天津港及滨海新区建设是天津市的主要用海工程（图4.18）。2008—2010年、2010—2012年是天津市围填海活动最剧烈的两个时期，围填海面积分别为124.63 km²、141.75 km²，速度分别为62.32 km²/a、70.87 km²/a。2000—2005年、2005—2008年天津围填海活动相对缓慢，围填海面积分别为34.61 km²、42.12 km²，围填海速度分别为6.92 km²/a、14.04 km²/a。

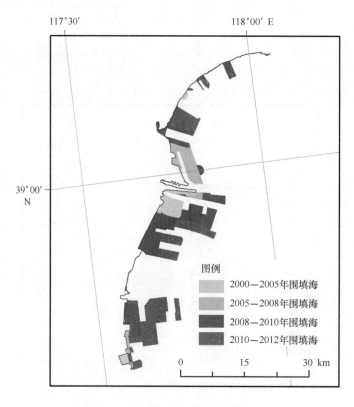

图4.18　天津市2000—2012年围填海分布

港口建设用海在天津市的围填海类型中占有绝对优势，2000—2012年港口用海面积累计为272.25 km²，占天津市围填海总面积的79.35%；盐田用海面积总计为29.21 km²，比例为8.51%；其他用海面积总计为28.55 km²，比例为8.32%；围海养殖用海面积总计为12.73 km²，比例为3.71%；城镇建设用海数量极少，面积为0.37 km²，比例为0.11%。无围垦用海类型（图4.19）。

4.4.2　渤海三大湾土地利用数据分析结果

（1）辽东湾

2000年辽东湾沿海土地利用以沼泽地、海涂和水库与坑塘为主，三者的比例分别为20.57%、19.66%、19.00%。工交建设用地比例也较大，为16.01%。

2005年辽东湾沿海土地利用以海涂、沼泽地和工交建设用地为主，三者的比例分

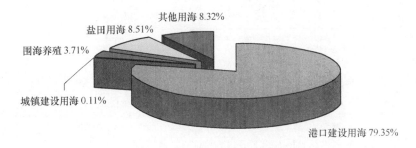

图 4.19 天津市 2000—2012 年围填海类型及比例

别为 25.70%、17.52%、16.05%。水库与坑塘比例也较大,为 15.48%。

2008 年辽东湾沿海土地利用以海涂、沼泽地和工交建设用地为主,三者的比例分别为 30.35%、16.22%、15.12%。水库与坑塘比例也较大,为 15.10%。

2010 年辽东湾沿海土地利用以海涂、沼泽地、水库坑塘为主,三者的比例分别为 22.53%、18.47%、17.76%。工交建设用地的比例也较高,为 14.47%。

(2)渤海湾

2000 年渤海湾沿海土地利用以工交建设用地、盐碱地、海涂为主,三者的比例分别为 38.49%、11.66%、11.53%。此外,水库坑塘的比例也较高,为 10.25%。

2005 年渤海湾沿海土地利用以工交建设用地、海涂、盐碱地为主,三者的比例分别为 43.51%、17.18%、9.24%。此外,沼泽地的比例也较高,为 8.49%。

2008 年渤海湾沿海土地利用以工交建设用地、海涂、水库与坑塘为主,三者的比例分别为 53.17%、16.80%、7.48%。此外,沼泽地的比例也较高,为 7.26%。

2010 年渤海湾沿海土地利用以工交建设用地、水库与坑塘、海涂为主,三者的比例分别为 57.76%、9.51%、9.49%。此外,城镇用地的比例也较高,为 7.15%。

(3)莱州湾

2000 年莱州湾沿海土地利用以海涂、工交建设用地和旱地为主,三者的比例分别为 31.48%、21.71%、14.85%。

2005 年莱州湾沿海土地利用以工交建设用地、海涂和旱地为主,三者的比例分别为 29.20%、22.56%、22.30%。

2008 年莱州湾沿海土地利用以海涂、工交建设用地和旱地为主,三者的比例分别为 31.73%、26.19%、19.50%。

2010 年莱州湾沿海土地利用以工交建设用地、海涂、水库与坑塘地为主,三者的比例分别为 29.28%、21.87%、15.45%。

辽东湾、渤海湾和莱州湾 2000—2010 年土地利用分析分别见表 4.7、表 4.8 和表 4.9。辽东湾 2000 年、2005 年、2008 年和 2010 年土地利用分布图分别见图 4.20 至图 4.23。渤海湾 2000 年、2005 年、2008 年和 2010 年土地利用分布图分别见图 4.24 至图 4.27。莱州湾 2000 年、2005 年、2008 年和 2010 年土地利用分布图分别见图 4.28 至图 4.31。

表 4.7　辽东湾 2000—2010 年土地利用分析　　　　　　　　单位：km²

土地利用分类	2000 年 面积	比例	2005 年 面积	比例	2008 年 面积	比例	2010 年 面积	比例
水田	97.90	8.22%	132.62	9.21%	138.89	8.89%	148.46	10.87%
旱地	130.64	10.97%	98.98	6.88%	92.63	5.93%	95.17	6.96%
有林地	2.93	0.25%	4.46	0.31%	4.46	0.29%	3.47	0.25%
灌木林地	0.21	0.02%	3.32	0.23%	3.32	0.21%	3.52	0.26%
疏林地	3.33	0.28%	3.31	0.23%	3.31	0.21%	4.31	0.32%
幼林地	8.57	0.72%	1.12	0.08%	1.12	0.07%	2.18	0.16%
高覆盖度草地	–	–	9.34	0.65%	9.34	0.60%	4.96	0.36%
中覆盖度草地	–	–	–	–	–	–	–	–
低覆盖度草地	–	–	2.13	0.15%	2.13	0.14%	0.68	0.05%
河流与沟渠	12.16	1.02%	33.53	2.33%	33.53	2.14%	23.69	1.73%
湖泊	3.65	0.31%	4.08	0.28%	4.08	0.26%	6.19	0.45%
水库坑塘	226.26	19.00%	222.76	15.48%	235.99	15.10%	242.69	17.76%
冰雪	–	–	–	–	–	–	–	–
海涂	234.11	19.66%	369.81	25.70%	474.46	30.35%	307.81	22.53%
滩地	4.06	0.34%	17.52	1.22%	16.76	1.07%	17.04	1.25%
城镇用地	11.42	0.96%	26.12	1.81%	26.39	1.69%	25.91	1.90%
农村居民点	20.10	1.69%	25.70	1.79%	25.70	1.64%	24.55	1.80%
工交建设用地	190.66	16.01%	231.03	16.05%	236.39	15.12%	197.66	14.47%
沙地	–	–	–	–	–	–	–	–
戈壁	–	–	–	–	–	–	–	–
盐碱地	–	–	0.58	0.04%	0.58	0.04%	5.40	0.39%
沼泽地	244.98	20.57%	252.20	17.52%	253.51	16.22%	252.34	18.47%
裸土地	–	–	0.19	0.01%	0.19	0.01%	–	–
裸岩石砾地	–	–	0.37	0.03%	0.37	0.02%	0.37	0.03%
其他未利用土地	–	–	–	–	–	–	–	–
合计	1190.98	100.00%	1439.16	100.00%	1563.14	100.00%	1366.40	100.00%

注："–"表示"无该类型"。

表 4.8　渤海湾 2000—2010 年土地利用分析　　　　　　　　单位：km²

土地利用分类	2000 年 面积	比例	2005 年 面积	比例	2008 年 面积	比例	2010 年 面积	比例
水田	49.80	1.63%	5.93	0.18%	5.68	0.16%	5.74	0.16%

续表

土地利用分类	2000 年		2005 年		2008 年		2010 年	
	面积	比例	面积	比例	面积	比例	面积	比例
旱地	91.95	3.01%	192.70	5.94%	183.84	5.20%	134.26	3.82%
有林地	0.40	0.01%	–	–	–	–	–	–
灌木林地	2.07	0.07%	0.80	0.02%	0.80	0.02%	0.80	0.02%
疏林地	0.04	0.00%	–	–	–	–	–	–
幼林地	–	–	–	–	–	–	–	–
高覆盖度草地	69.65	2.28%	2.73	0.08%	2.73	0.08%	2.73	0.08%
中覆盖度草地	93.14	3.05%	0.45	0.01%	0.45	0.01%	–	–
低覆盖度草地	46.78	1.53%	–	–	–	–	–	–
河流与沟渠	60.20	1.97%	88.85	2.74%	88.86	2.51%	87.81	2.50%
湖泊	1.51	0.05%	–	–	–	–	–	–
水库坑塘	313.32	10.25%	269.91	8.32%	265.16	7.49%	334.06	9.51%
冰雪	–	–	–	–	–	–	–	–
海涂	352.47	11.53%	557.19	17.18%	595.94	16.84%	333.41	9.49%
滩地	7.34	0.24%	14.70	0.45%	8.87	0.25%	10.58	0.30%
城镇用地	86.88	2.84%	104.75	3.23%	105.59	2.98%	251.24	7.15%
农村居民点	13.11	0.43%	18.64	0.57%	18.64	0.53%	13.97	0.40%
工交建设用地	1177.17	38.49%	1410.83	43.51%	1885.92	53.30%	2029.09	57.76%
沙地	–	–	–	–	–	–	–	–
戈壁	–	–	–	–	–	–	–	–
盐碱地	356.55	11.66%	299.55	9.24%	118.02	3.34%	104.81	2.98%
沼泽地	36.27	1.19%	275.42	8.49%	257.58	7.28%	204.28	5.82%
裸土地	0.40	0.01%	–	–	–	–	–	–
裸岩石砾地	–	–	–	–	–	–	–	–
其他未利用土地	298.99	9.78%	–	–	–	–	–	–
合计	3 058.04	100.00%	3 242.46	100.00%	3 538.07	100.00%	3 512.78	100.00%

注："–"表示"无该类型"。

表 4.9　莱州湾 2000—2010 年土地利用分析 单位：km²

土地利用分类	2000 年		2005 年		2008 年		2010 年	
	面积	比例	面积	比例	面积	比例	面积	比例
水田	–	–	–	–	–	–	–	–
旱地	360.25	14.85%	508.28	22.30%	507.86	19.50%	313.87	13.12%

土地利用分类	2000 年		2005 年		2008 年		2010 年	
	面积	比例	面积	比例	面积	比例	面积	比例
有林地	8.80	0.36%	58.01	2.55%	58.01	2.23%	53.07	2.22%
灌木林地	3.28	0.14%	0.40	0.02%	0.40	0.02%	–	–
疏林地	1.49	0.06%	0.77	0.03%	0.77	0.03%	0.54	0.02%
幼林地	8.98	0.37%	3.27	0.14%	3.27	0.13%	3.22	0.13%
高覆盖度草地	249.73	10.29%	7.47	0.33%	7.47	0.29%	2.16	0.09%
中覆盖度草地	236.73	9.76%	0.39	0.02%	0.39	0.02%	–	–
低覆盖度草地	16.08	0.66%	0.13	0.01%	0.13	0.00%	–	–
河流与沟渠	50.14	2.07%	54.68	2.40%	54.68	2.10%	54.09	2.26%
湖泊	2.39	0.10%	–	–	–	–	–	–
水库坑塘	37.59	1.55%	105.03	4.61%	119.70	4.60%	369.58	15.45%
冰雪	–	–	–	–	–	–	–	–
海涂	763.80	31.48%	514.10	22.56%	826.22	31.73%	523.28	21.87%
滩地	2.32	0.10%	21.59	0.95%	21.59	0.83%	19.98	0.84%
城镇用地	0.00	0.00%	1.52	0.07%	1.52	0.06%	6.15	0.26%
农村居民点	37.00	1.53%	34.99	1.54%	35.07	1.35%	45.27	1.89%
工交建设用地	526.66	21.71%	665.60	29.20%	682.08	26.19%	700.37	29.28%
沙地	–	–	–	–	–	–	–	–
戈壁	–	–	–	–	–	–	–	–
盐碱地	92.06	3.79%	110.13	4.83%	94.45	3.63%	99.09	4.14%
沼泽地	11.01	0.45%	192.85	8.46%	190.68	7.32%	201.68	8.43%
裸土地	–	–	–	–	–	–	–	–
裸岩石砾地	–	–	–	–	–	–	–	–
其他未利用土地	17.80	0.73%	–	–	–	–	–	–
合计	2 426.12	100.00%	2 279.23	100.00%	2 604.31	100.00%	2 392.33	100.00%

注："－"表示"无该类型"。

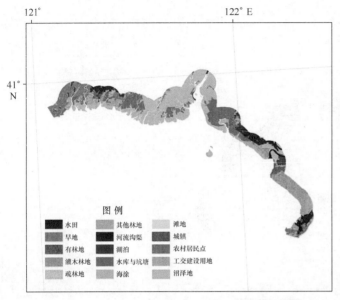

2000年辽东湾沿海土地利用以沼泽地、海涂和水库与坑塘为主，三者的比例分别为20.57%、19.66%、19.00%。工交建设用地比例也较大，为16.01%

土地利用陆地界线：2000年海岸线向内陆延伸5 km

1: 500 000　2013年7月制作
2000国家大地坐标系
高斯-克吕格投影(3度带)

图 4.20　辽东湾 2000 年土地利用分布

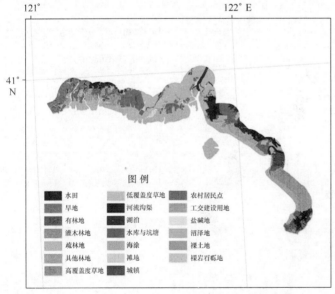

2005年辽东湾沿海土地利用以海涂、沼泽地和工交建设用地为主，三者的比例分别为25.70%、17.52%、16.05%。水库与坑塘比例也大，为15.48%

土地利用陆地界线：2000年海岸线向内陆延伸5 km

1: 500 000　2013年7月制作
2000国家大地坐标系
高斯-克吕格投影(3度带)

图 4.21　辽东湾 2005 年土地利用分布

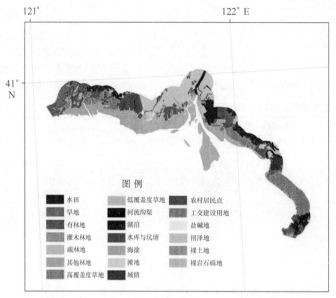

2008年辽东湾沿海土地利用以海涂、沼泽地和工交建设用地为主,三者的比例分别为30.35%、16.22%、15.12%。水库与坑塘比例也大,为15.10%

土地利用陆地界线:2000年海岸线向内陆延伸5 km

1: 500 000

2013年7月制作
2000国家大地坐标系
高斯-克吕格投影(3度带)

图 4.22　辽东湾 2008 年土地利用分布

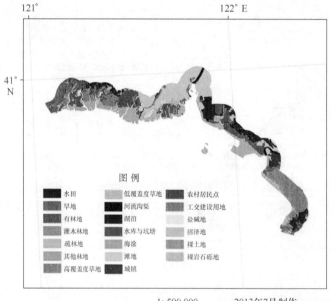

2010年辽东湾沿海土地利用以海涂、沼泽地和工交建设用地为主,三者的比例分别为22.53%、18.47%、17.76%。此外,工交建设用地的比例也较高,为14.47%

土地利用陆地界线:2000年海岸线向内陆延伸5 km

1: 500 000

2013年7月制作
2000国家大地坐标系
高斯-克吕格投影(3度带

图 4.23　辽东湾 2010 年土地利用分布

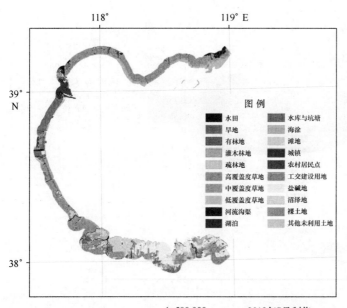

118°　　　　　119° E

2000年渤海湾沿海土地利用以工交建设用地、盐碱地、海涂为主，三者的比例分别为38.49%、11.66%、11.53%。此外，水库坑塘的比例也较高，为10.25%

土地利用陆地界线：2000年海岸线向内陆延伸5 km

1: 500 000
2013年7月制作
2000国家大地坐标系
高斯-克吕格投影(3度带)

图 4.24　渤海湾 2000 年土地利用分布

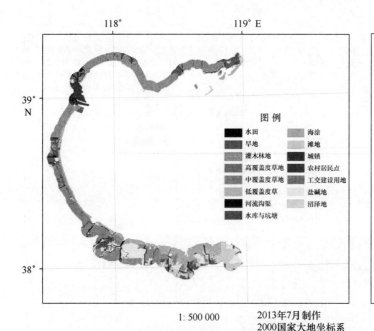

118°　　　　　119° E

2005年渤海湾沿海土地利用以工交建设用地、海涂、盐碱地为主，三者的比例分别为43.51%、17.18%、9.24%。此外，沼泽地的比例也较高，为8.49%

土地利用陆地界线：2000年海岸线向内陆延伸5 km

1: 500 000
2013年7月制作
2000国家大地坐标系
高斯-克吕格投影(3度带)

图 4.25　渤海湾 2005 年土地利用分布

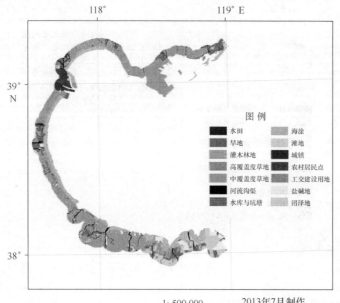

2008年渤海湾沿海土地利用以工交建设用地、海涂、水库与坑塘为主，三者的比例分别为53.17%、16.80%、7.48%。此外，沼泽地的比例也较高，为7.26%

土地利用陆地界线：2000年海岸线向内陆延伸5 km

1∶500 000　　2013年7月制作
2000国家大地坐标系
高斯-克吕格投影(3度带)

图 4.26　渤海湾 2008 年土地利用分布

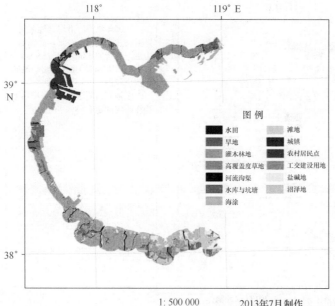

2010年渤海湾沿海土地利用以工交建设用地、水库与坑塘、海涂为主，三者的比例分别为57.76%、9.51%、9.49%。此外，城镇用地的比例也较高，为7.15%

土地利用陆地界线：2000年海岸线向内陆延伸5 km

1∶500 000　　2013年7月制作
2000国家大地坐标系
高斯-克吕格投影(3度带)

图 4.27　渤海湾 2010 年土地利用分布

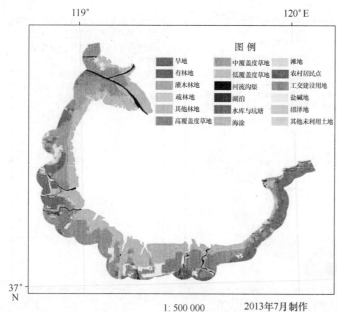

2000年莱州湾沿海土地利用以海涂、工交建设用地和旱地为主，三者的比例分别为31.48%、21.71%、14.85%

土地利用陆地界线：2000年海岸线向内陆延伸5 km

1:500 000

2013年7月制作
2000国家大地坐标系
高斯-克吕格投影(3度带)

图 4.28 莱州湾 2000 年土地利用分布

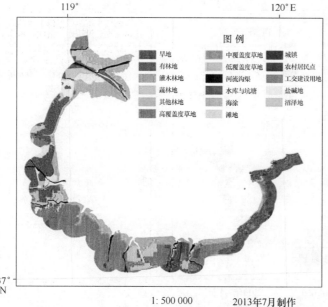

2005年莱州湾沿海土地利用以工交建设用地、海涂和旱地为主，三者的比例分别为29.20%、22.56%、22.30%

土地利用陆地界线：2000年海岸线向内陆延伸5 km

1:500 000

2013年7月制作
2000国家大地坐标系
高斯-克吕格投影(3度带)

图 4.29 莱州湾 2005 年土地利用分布

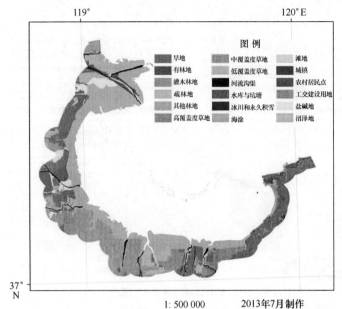

图 4.30　莱州湾 2008 年土地利用分布

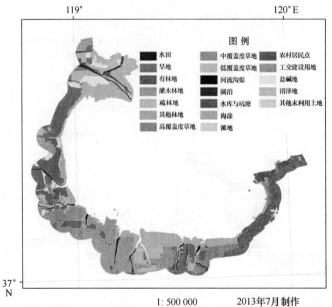

图 4.31　莱州湾 2010 年土地利用分布

第5章 环渤海集约用海区优化布局方案

5.1 渤海海岸线和集约用海区围填海分布情况

5.1.1 渤海海岸线情况

根据4.4节海岸线分析结果，统计总结如下：2000—2012年渤海海岸线长度逐年增加，2000年、2005年、2008年、2010年和2012年海岸线长度分别为2 587.57 km、2 715.91 km、2 783.45 km、2 946.64 km和3 102.32 km。与2000年相比，2012年渤海海岸线长度增加了514.75 km，年均增加42.90 km，海岸线变化表现为人工岸线的增加和自然岸线（包括砂质岸线、淤泥质岸线和基岩岸线）的减少，其中天津市自然岸线的比例由2000年的73%降低到2012年的12%。2000—2012年渤海人工岸线比例由64.76%上升为77.51%，增加了12.76%。天津市、河北省变化最剧烈，变化强度分别为8.88%和3.05%，特别是河北省曹妃甸区域和天津滨海新区。

5.1.2 渤海集约用海区围填海情况

截至2012年，渤海主要集约用海区分布情况如下：辽宁省包括辽西锦州湾沿海经济区、长兴岛临港工业区、辽宁营口鲅鱼圈沿海经济区、盘锦辽滨沿海经济区；河北省包括曹妃甸循环经济区、沧州渤海新区；天津市包括北疆电厂、中心渔港、滨海旅游区、天津港、临港经济区、南港工业区；山东省包括龙口湾临港高端制造业聚集区和潍坊滨海生态旅游度假区。渤海集约用海区分布见图5.1。

根据4.4节围填海分析结果，统计总结如下：2000—2012年渤海累计围填海面积2 168.80 km²，年均180.73 km²。2000—2012年山东省累计围填海面积最大，为866.78 km²，比例为39.97%；其次为辽宁省，面积为546.01 km²，比例为25.18%；再次为河北省，面积为412.90 km²，比例为19.04%；天津市围填海面积最少，为343.12 km²，比例为15.82%。渤海三大湾中渤海湾集约用海区相对密集，分布见图5.2。

5.2 环渤海滨海湿地分布情况

辽宁省滨海湿地主要有辽东湾底部的双台子河口滨海湿地、大连段滨海湿地和葫芦岛六股河口滨海湿地；河北省滨海湿地主要分布于北戴河沿海湿地、黄金岸湿地、滦河口湿地、南大港湿地与海兴沼泽湿地；天津市滨海湿地位于汉沽北疆电厂东部和南港工业区南侧滨海湿地；山东省滨海湿地主要分布于黄河三角洲和莱州湾底部滨海湿地。

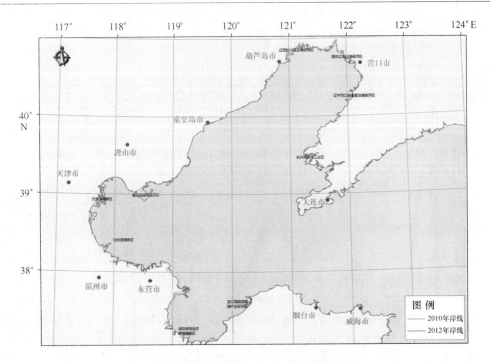

图 5.1　渤海集约用海区（至 2012 年）分布

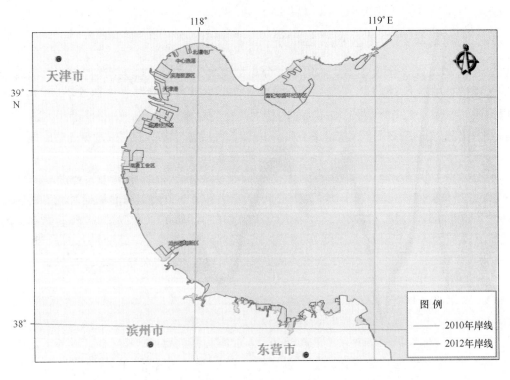

图 5.2　渤海湾集约用海区（至 2012 年）分布

5.3 渤海生态红线政策制定

从整个渤海的宏观开发角度考虑，提出禁止开发、限制开发等不同类型的区域，并应用于渤海生态红线划定，国家海洋局进而出台生态红线政策。

2012 年 10 月 12 日，国家海洋局下发《关于建立渤海海洋生态红线制度的若干意见》，提出建立渤海生态红线制度的总体要求，明确重点任务包括"严格实施红线区开发活动分区分类管理"、"有效推进红线区生态保护与整治修复"、"严格监管红线区污染排放"和"大力推进红线区监视监测和监督执法能力建设"。同时下发《渤海海洋生态红线划定技术指南》。根据该指南，将海洋保护区、重要滨海湿地、重要河口、特殊保护海岛、重要砂质岸线和沙源保护海域、自然景观与文化历史遗迹、重要旅游区和重要渔业海域等划定为海洋生态红线区，并进一步细分为禁止开发区和限制开发区，依据生态特点和管理需求，分区分类制定红线管控措施。其中禁止开发区包括海洋自然保护区的核心区、缓冲区和海洋特别保护区的重点保护区、预留区；限制开发包括海洋自然保护区的实验区、海洋特别保护区的资源恢复区和环境整治区、重要河口生态系统、重要滨海湿地、重要渔业海域、特殊保护海岛、自然景观与文化历史遗迹、砂质岸线及邻近海域、沙源保护海域和重要滨海旅游区。

目前，环渤海三省一市对各自的生态红线区进行了划定。

5.3.1 辽宁省（渤海海域）海洋生态红线区

（1）岸线

辽宁省（渤海海域）自然岸线长度为 388.7 km，自然岸线保有率为 31.5%。其中砂质岸线长度为 58.6 km，维持现有砂质岸线长度。

（2）生态红线区

辽宁省管辖渤海海域海洋生态红线区面积共计 5 920.80 km²，辽宁省管辖海域面积 13 100 km²，占辽宁省管辖渤海面积的 45.20%。其中，海洋保护区类生态红线区面积 4 444.53 km²，主要分布于大连斑海豹国家级自然保护区、蛇岛保护区、双台子河口滨海湿地保护区、辽宁团山海蚀地貌自然保护区、锦州大笔架山国家级海洋特别保护区以及绥中原生砂质海岸及生物多样性自然保护区（六股河口）等；重要河口及湿地类生态红线区面积 868.24 km²，主要分布于辽河（双台子河）、大辽河、大凌河以及六股河等；重要渔业海域类生态红线区面积 540.6 km²，主要分布于辽东湾北部国家级水产种质资源保护区；重要海岛类生态红线区面积 469.1 km²，主要分布于觉华岛、猪岛和虎平岛以及东蚂蚁岛和西蚂蚁岛 5 个岛屿；重要滨海旅游度假区类生态红线区面积 299.5 km²，主要分布于芷锚湾、天龙寺、兴城、望海寺、小笔架山、驼山、仙浴湾以及鹿鸣岛等旅游休闲区；自然景观与历史文化遗迹类生态红线区面积 6.23 km²，主要分布于辽宁葫芦岛芷锚湾孟姜女碣石；地质水文灾害高发区类生态红线区面积 4.1 km²，主要分布于辽宁省绥中六股河口以南部分海岸侵蚀区域。

辽宁省（渤海海域）海洋生态红线区见图 5.3。

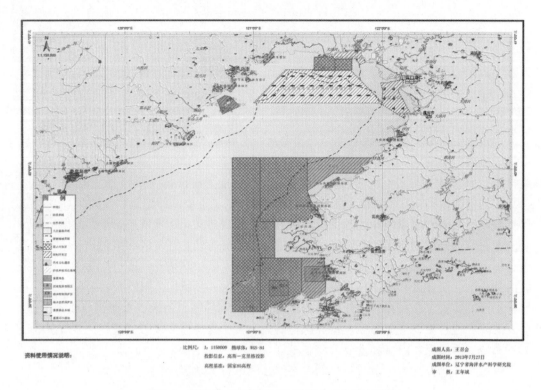

图 5.3　辽宁省（渤海海域）海洋生态红线区控制

5.3.2　天津市海洋生态红线区

（1）岸线

天津市划定的生态红线区中自然岸线总长 18.63 km，自然岸线保有率为 12.12%。

（2）生态红线区

天津市确定生态红线区为天津大神堂牡蛎礁国家级海洋特别保护区、天津汉沽重要渔业海域、天津大港滨海湿地、天津北塘旅游休闲娱乐区及大神堂自然岸线 5 个区域，面积共 219.79 km², 占全市管辖海域面积的 10.24%。天津市海洋生态红线区见图 5.4。

5.3.3　河北省海洋生态红线区

（1）岸线

自然岸线 97.20 km，占河北省大陆岸线总长的 20.05%。

（2）生态红线区

河北省各类海洋生态红线区总面积 188 097.51 hm², 占全省管辖海域面积的 26.02%。其中，海洋保护区类生态红线区面积 38 030.40 hm², 主要分布于昌黎黄金海岸保护区和乐亭菩提岛诸岛保护区等；重要河口生态系统类生态红线区 1 805.33 hm², 主要分布于石河、滦河和大清河河口；重要滨海湿地类生态红线区面积 9 459.62 hm², 主要分布于滦河河口和沧州歧口浅海；重要渔业海域类生态红线区面积 38 024.22 hm²,

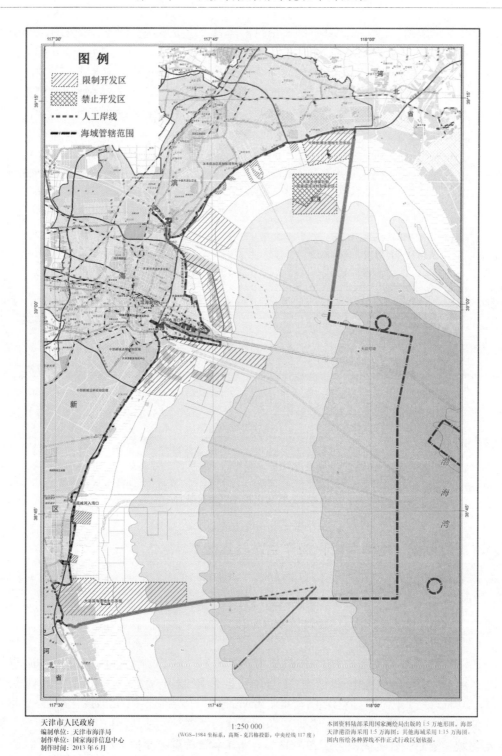

天津市人民政府
编制单位：天津市海洋局
制作单位：国家海洋信息中心
制作时间：2013 年 6 月

1:250 000
(WGS-1984 坐标系，高斯 - 克吕格投影，中央经线 117 度）

本图资料陆部采用国家测绘局出版的 1:5 万地形图，海部天津港沿海采用 1:5 万海图；其他海域采用 1:15 万海图。图内所绘各种界线不作正式行政区划依据。

图 5.4　天津市海洋生态红线区

主要分布于南戴河、昌黎、南堡和黄骅南排河海域种质资源保护区等；自然景观与历史文化遗迹类生态红线区 70.04 hm²，主要分布于老龙头、秦皇求仙入海处和金山嘴海蚀地貌等；重要滨海旅游区类生态红线区 48 447.03 hm²，主要分布于山海关、北戴河、大清河口海岛旅游区和龙岛旅游区等；重要砂质岸段 54.08 km，主要分布于秦皇岛沿岸；沙源保护海域类生态红线区面积 52 260.87 hm²，主要分布于金山嘴至新开口、新开口至滦河口、滦河口至老米沟和大清河口至小清河口海域。河北省海洋生态红线区见图 5.5。

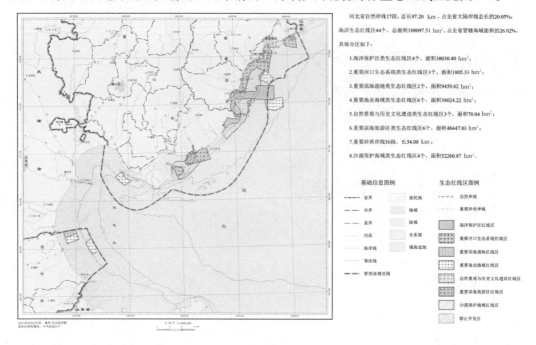

图 5.5　河北省海洋生态红线区

5.3.4　山东省（渤海海域）海洋生态红线区

（1）岸线

山东省渤海海岸线（红线区划定范围内）总长度为 931.41 km，目前自然岸线长度为 373.87 km，自然岸线保有率为 40.14%。

（2）生态红线区

山东省渤海海洋生态红线区总面积为 6 528.87 km²，占全省渤海海域总面积的 40.02%。渤海海洋生态红线区分禁止开发区和限制开发区。禁止开发区面积为 1 237.20 km²，其中海洋自然保护区 985.39 km²，海洋特别保护区 251.81 km²，主要分布于滨州贝壳堤岛与湿地系统、黄河三角洲自然保护区、庙岛群岛以及东营、潍坊、烟台等海域；限制开发区面积为 5 297.22 km²，其中海洋自然保护区 2 659.17 km²，海洋特别保护区 1 446.14 km²，重要河口生态系统 131.07 km²，重要滨海湿地 27.05 km²，重要渔业海域 758.21 km²，特殊保护海岛 7.46 km²，自然景观与历史文化遗迹 25.51 km²，砂质岸线与邻近海域 103.96 km²，沙源保护海域 111.29 km²，重要滨海旅游区

27.36 km²，生态红线区控制见图 5.6。

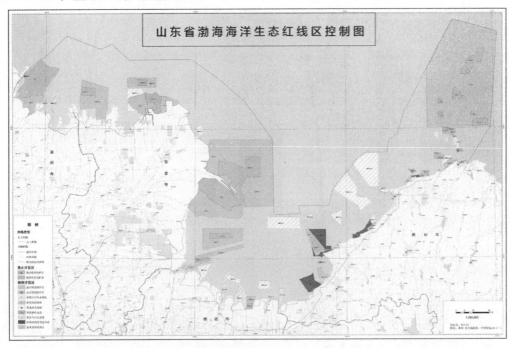

图 5.6　山东省（渤海海域）海洋生态红线区控制

从整个渤海来看，渤海海洋生态红线区控制见图 5.7。

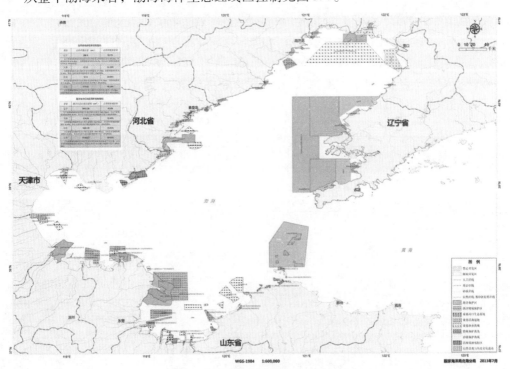

图 5.7　渤海海洋生态红线区控制

5.4　环渤海"三省一市"海洋功能区划批复情况

2012 年 10 月 10 日，国务院相继批复了天津市、河北省、辽宁省和山东省的 2011—2020 年海洋功能区划，规定：到 2020 年，天津市、河北省、辽宁省和山东省的建设用围填海规模分别控制在 9 200 hm²、14 950 hm²、25 300 hm² 和 34 500 hm² 以内。

5.5　环渤海"三省一市"集约用海布局优化调整方案

5.5.1　优化调整原则

（1）新围填海区域不得侵占环渤海"三省一市"生态红线区。
（2）新围填海区域不得侵占渤海重要湿地区域。
（3）渤海新围填区域外海边界不得突破目前围填海区域边界。

5.5.2　布局优化调整区域和方向

根据 3.1 节研究结果，渤海集约用海区引起的岸线变化导致黄河海港附近海域的 M_2 无潮点向东南方向偏移数千米；集约用海区对渤海三大湾中部和湾口海域流速的影响有明显的累加效应；根据水动力综合评价结果，2000—2008 年，渤海湾慎重选择工况，莱州湾和辽东湾可选择工况；2008—2010 年，渤海三大湾均为可选择工况；2010—2012 年，渤海湾为不可接受工况，莱州湾和辽东湾为慎重选择工况。

根据围填海遥感监测分析和各省市 2011—2020 年海洋功能区划要求分析，辽宁省、河北省、天津市和山东省的 2013—2020 年围填海年均规模分别是 2010—2012 年围填海年均规模的 1/5、3/10、1/25 和 1/5。建议规模和优化调整区域，详见表 5.1。环渤海"三省一市"集约用海区优化调整区域分布图见图 5.8 至图 5.11。

表 5.1　环渤海"三省一市"集约用海布局优化调整区域分析

项目区域	辽宁省	河北省	天津市	山东省	备注
2010—2012 年围填海规模（年均规模）	235.74 km²（117.87 km²）	101.55 km²（50.77 km²）	141.75 km²（70.87 km²）	256.52 km²（128.26 km²）	遥感监测分析结果
到 2020 年围填海规模（2011—2020 年年均规模）	25 300 hm²（2 811 hm²）	14 950 hm²（1 661 hm²）	9 200 hm²（1 022 hm²）	34 500 hm²（3 833 hm²）	2011—2020 年海洋功能区划要求

续表

项目区域	辽宁省	河北省	天津市	山东省	备注
2013—2020 年围填海规模（年均规模）	13 513 hm²（1 930 hm²）	9 873 hm²（1 410.4 hm²）	2 112 hm²（302 hm²）	21 674 hm²（3 096 hm²）	遥感监测分析结果和 2011—2020 年海洋功能区划要求推算
建议优化调整规模	保持辽西锦州湾沿海经济区、长兴岛临港工业区、辽宁营口鲅鱼圈沿海经济区、盘锦辽滨沿海经济区规模；在原有基础上适当增加围填海规模，2013—2020 年每年控制在 1 900 hm² 范围（渤海区域约占 950 hm²）	保持曹妃甸工业区、沧州渤海新区和京唐港围填海规模；在原有基础上适当增加围填海规模，2013—2020 年每年控制在 1 400 hm² 范围内	天津滨海新区在现有规模上适当增加，需在海洋功能区划约束范围内，2013—2020 年每年控制在 300 hm² 范围内	根据《山东半岛蓝色经济区发展规划》要求，壮大黄河三角洲高效生态海洋产业集聚区增长极，适当增加围填海规模，2013—2020 年每年控制在 3 000 hm² 范围内（渤海区域约占 1 500 hm²）	
建议优化调整区域	保持辽西锦州湾沿海经济区、长兴岛临港工业区、辽宁营口鲅鱼圈沿海经济区、盘锦辽滨沿海经济区外部边界不动；仅限于增加锦州湾葫芦岛港、兴城曹庄、金州湾等区域	保持曹妃甸工业区外部边界不动；维持沧州渤海新区规模；仅限于增加小清河口、黑沿子和京唐港东等区域	保持北疆电厂、中心渔港、滨海旅游区、天津港、临港经济区、南港工业区外部边界不动；仅限于增加北疆电厂西南侧已围海区域内部和临港经济区南侧、独流减河北侧区域	仅限于增加滨州套尔河口两侧、漳卫新河东侧、东营港、东营滨海永丰河入海口和潍坊港区域	

157

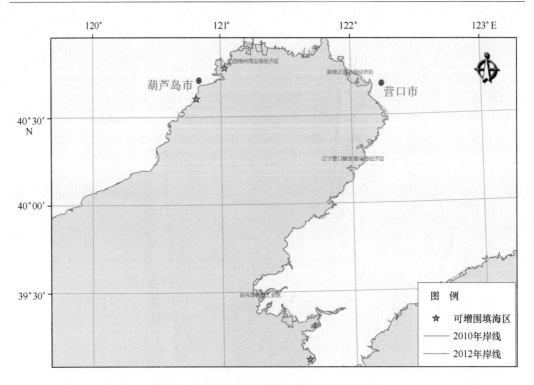

图 5.8 辽宁省集约用海区优化调整区域分布

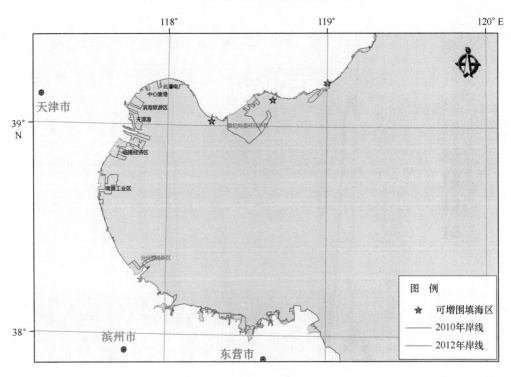

图 5.9 河北省集约用海区优化调整区域分布

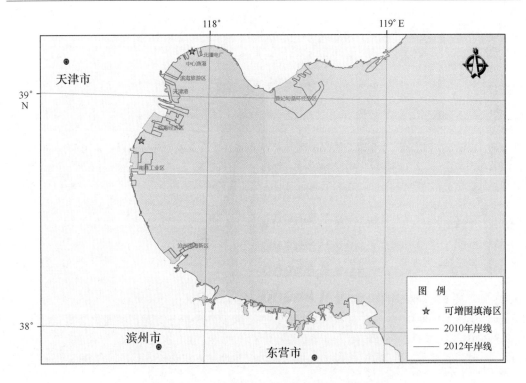

图 5.10　天津市集约用海区优化调整区域分布

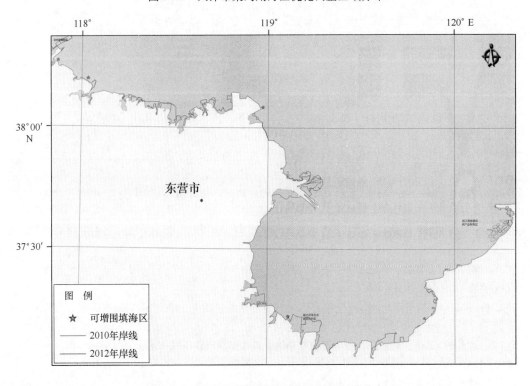

图 5.11　山东省集约用海区优化调整区域分布

参考文献

曹新向, 瞿鸿模, 韩志刚. 2003. 自然保护区旅游开发的景观生态规划与设计 [J]. 南阳师范学院学报: 自然科学版, 2 (6): 77-80.

陈康娟, 王学雷. 2002. 人类活动影响下的四湖地区湿地景观格局分析 [J]. 长江流域资源与环境, 11 (3): 219-223.

陈利顶, 傅伯杰, 赵文武. 2006. "源""汇"景观理论及其生态学意义 [J]. 生态学报, 26 (5): 1444-1449.

成文连, 柳海鹰, 吴月芳, 等. 2005. 合理规划城区绿地构建景观安全格局 [J]. 四川环境, 24 (1): 18-19.

东营史志办公室. 2003. 东营年鉴. 2003 卷 [M]. 北京: 中华书局.

董婷婷, 王秋兵. 2006. 东港市湿地的景观格局变化及驱动力分析 [J]. 中国农学通报, (02): 257-261.

付元宾, 曹可, 王飞, 等. 2010. 围填海强度与潜力定量评价方法初探 [J]. 海洋开发与管理, 27 (1): 27-30.

傅伯杰, 陈向利. 2011. 景观生态学原理及应用 [M]. 北京: 科学出版社.

郭明, 肖笃宁, 李新. 2006. 黑河流域酒泉绿洲景观生态安全格局分析 [J]. 生态学报, 26 (2): 457-466.

国家海洋局 "908 专项" 办公室. 2005. 海岛海岸带卫星遥感调查技术规程 [Z]. 北京: 海洋出版社.

国家海洋局考察团. 2007. 日本围填海管理的启示与思考 [J]. 海洋开发与管理, 3: 3-8.

国家海洋局考察团. 优化平面设计提高海岸线利用率 [N]. 中国海洋报, 2007-10-23.

韩文权, 常禹, 胡远满, 等. 2005. 景观格局优化研究进展 [J]. 生态学杂志, 24 (12): 1487-1492.

韩振华, 李建东, 殷红, 等. 2010. 基于景观格局的辽河三角洲湿地生态安全分析 [J]. 生态环境学报, (03): 701-705.

华昇, 谢更新, 石林, 等. 2008. 基于 GIS 的市域景观格局定量分析与优化 [J]. 生态环境, (04): 1554-1559.

黄国平. 1999. 景观安全格局理论在风景区规划中的应用——以湖南省武陵源风景名胜区为例 [D]. 北京: 北京大学.

李崇巍, 刘丽娟, 孙鹏森, 等. 2005. 岷江上游植被格局与环境关系的研究 [J]. 北京师范大学学报: 自然科学版, (04): 404-409.

李晖, 唐川. 2006. 基于景观生态安全格局的泥石流多发城镇防灾、减灾体系构建——以昆明市东川区为例 [J]. 城市发展研究, 13 (1): 18-22.

李纪宏, 刘雪华. 2006. 基于最小费用距离模型的自然保护区功能分区 [J]. 自然资源学报, 21 (2): 217-224.

李颖, 张养贞, 张树文. 2002. 三江平原沼泽湿地景观格局变化及其生态效应 [J]. 地理科学, (06): 677-682.

刘宝银，苏奋振. 2005. 中国海岸带海岛遥感调查——原则、方法、系统［M］. 北京：海洋出版社.

刘杰，叶晶，杨婉，等. 2012. 基于 GIS 的滇池流域景观格局优化［J］. 自然资源学报，（05）：801 – 808.

刘伟，刘百桥. 2008. 我国围填海现状、问题及调控对策［J］. 广州环境科学，23（2）：26 – 29.

刘艳芬，张杰，马毅，等. 2010. 1995—1999 年黄河三角洲东部自然保护区湿地景观格局变化［J］. 应用生态学报，（11）：2904 – 2911.

卢晓宁，邓伟，张树清. 2006. 近 50 年来霍林河流域下游沿岸湿地景观格局演变［J］. 干旱区地理，（06）：829 – 837.

栾维新，李佩瑾. 2008. 海域使用分类定级与定价的实证研究［J］. 资源科学，30（1）：9 – 17.

罗艳，谢健，王平，等. 2010. 国内外围填海工程对广东省的启示［J］. 海洋开发与管理，27（3）：28 – 32.

马小峰，赵冬至，邢小罡，等. 2007. 海岸线卫星遥感提取方法研究［J］. 海洋环境科学，26（2）：185 – 189.

彭本荣，洪华生，陈伟琪，等. 2005. 填海造地生态损害评估理论、方法及应用研究［J］. 自然资源学报，20（5）：714 – 726.

乔青. 2004. 基于 RS & GIS 技术的武夷山市景观格局分析与生态保护研究［D］. 北京：北京林业大学.

史振华，程婕，王百田. 2009. 天津市城镇扩展生态安全格局初探［J］. 干旱区资源与环境，23（5）：11 – 14.

索安宁，赵冬至，葛剑平. 2009. 景观生态学在近海资源环境中的应用：论海洋景观生态学的发展［J］. 生态学报，19（4）：40 – 44.

索安宁，赵冬至，张丰收. 2010. 长山群岛岛屿空间格局分析［J］. 海洋科学进展，28（1）：73 – 79.

索安宁，赵冬至，张丰收. 2010. 海域使用格局卫星遥感监测与评价：以葫芦岛试验区为例［J］. 海洋通报，29（1）：6 – 11.

王计平，岳德鹏，刘永兵，等. 2007. 基于 RS 和 GIS 技术的京郊西北地区土地利用变化的景观过程响应［J］. 北京林业大学学报，29（S1）：174 – 180.

王景燕. 2006. 四川"大青城"生态旅游区景观安全格局研究［D］. 成都：四川农业大学.

王天明，王晓春，国庆喜，等. 2004. 哈尔滨市绿地景观格局与过程的连通性和完整性［J］. 应用与环境生物学报，（04）：402 – 407.

王宪礼，肖笃宁. 1997. 辽河三角洲湿地的景观格局分析［J］. 生态学报，17（3）：317 – 323.

魏士春. 2007. 海岸带湿地资源遥感调查与专题制图研究［D］. 青岛：山东科技大学.

魏伟，赵军，王旭峰. 2009. GIS, RS 支持下的石羊河流域景观利用优化研究［J］. 地理科学，29（5）：750 – 754.

邬建国. 2000. 景观生态学——概念与埋论［J］. 生态学杂志，19（1）：42 – 52.

邬建国. 2007. 景观生态学：格局、过程、尺度与等级［M］. 北京：高等教育出版社.

吴绍华，李值斌，周生路，等. 2005. 区域经济空间过程阻力面模型的初步研究［J］. 长江流域资源与环境.

肖笃宁. 2003. 景观生态学［M］. 北京：科学出版社.

熊春妮. 2008. 重庆市主城区景观动态及格局特征分析［D］. 重庆：西南大学.

熊文，邱凉. 2006. 城乡一体化景观生态安全格局研究初探［J］. 水利渔业，26（2）：63 – 66.

杨晓平. 2005. 济南市南部山区景观安全格局的研究［D］. 济南：山东师范大学.

于青松，齐连明．2006．海域评估理论研究［M］．北京：海洋出版社．

俞孔坚，段铁武，李迪华，等．1999．景观可达性作为衡量城市绿地系统功能指标的评价方法与案例［J］．城市规划，23（8）：8－11．

俞孔坚，李迪华，段铁武．2001．敏感地段的景观安全格局设计及地理信息系统应用［J］．中国园林，1：11－16．

俞孔坚，李迪华，等．2000．"反规划"途径［M］．北京：中国建筑工业出版社．

俞孔坚．1998．景观生态战略点识别方法与理论地理学的表面模型［J］．地理学报，53（1）：11－20．

俞孔坚．1999．生物保护的景观生态安全格局［J］．生态学报，19（1）：8－15．

张弘．2007．遥感技术在大连湿地资源调查中的应用研究［D］．大连：大连海事大学．

张宏声．2004．海域使用管理指南［M］．北京：海洋出版社．

张建辰，王艳慧．2013．黄河下游沿岸湿地景观格局变化研究［J］．地理信息世界，（01）：97－102．

张明祥，严承高，王建春，等．2001．中国湿地资源的退化及其原因分析［J］．林业资源管理，3：23－26．

张树清．2008．3S 支持下的中国典型沼泽湿地景观时空动态变化研究［M］．长春：吉林大学出版社．

张小飞，王仰麟，李正国．2005．基于景观功能网络概念的景观格局优化——以台湾地区乌溪流域典型区为例［J］．生态学报，25（7）：1707－1713．

张晓龙．2005．现代黄河三角洲滨海湿地环境演变及退化研究［D］．青岛：中国海洋大学．

张玉虎．2008．流域典型区土地利用/覆被变化与生态安全格局构建分析［D］．乌鲁木齐：新疆大学．

赵军，魏伟，冯翠芹．2008．天祝草原景观格局分析及景观利用格局优化［J］．资源科学，（02）：281－287．

赵哲远，马奇，华元春，等．2009．浙江省 1996—2005 年土地利用变化分析［J］．中国土地科学，（11）：55－60．

Adriaensen F, Chardon J G. deBlust, E Swinnen, et al. 2003. The application of "least－cost" modeling as a functional landscape model［J］. Landscape and Urban Planning, 64：233－247.

Berberoglu S, Yilmaz KT, Özkan C. 2004. Mapping and monitoring of coastal wetlands of Cukurova Delta in the Eastern Mediterranean region［J］. Biodiversity & Conservation, 13（3）：615－633.

ESRI（Environmental Systems Research Institute）. 1991. Cell－based Modeling with Grid［M］. US：ESRI, Inc. .

Ferreras P. 2001. Landscape structure and asymmetrical inter－patch connectivity in a metapopulation of the endangered Iberian lynx［J］. Biological Conservation, 100（1）：125－136.

Forman R T, Godron M. 1986. Landscape Ecology［J］. Estados Unidos de América：Jhon Wiley and Sons, 619.

Gardner R H, O'NEILL R V. 1991. Pattern, process, and predictability：the use of neutral models for landscape analysis［J］. Ecological Studies, 82：289－307.

Holzkämper A, Seppelt R. 2007. A generic tool for optimising land－use patterns and landscape structures［J］. Environmental Modelling & Software, 22（12）：1801－1804.

Knaapen J P, Scheffer M, Harms B. 1992. Estimating habitat isolation in landscape planning［J］. Landscape and Urban Planning, 23（1）：1－16.

Millington A C, Velez－Liendo X M, Bradley A V. 2003. Scale dependence in multitemporal mapping of forest fragmentation in Bolivia：implications for explaining temporal trends in landscape ecology and applications to biodiversity conservation［J］. ISPRS Journal of photogrammetry and remote sensing, 57（4）：289－299.

Milne B T, Johnston K M, Forman R T. 1989. Scale－dependent proximity of wildlife habitat in a spatially－

neutral Bayesian model [J]. Landscape ecology, 2 (2): 101 – 110.

Moilanen A. 2007. Landscape zonation, benefit functions and target – based planning: unifying reserve selection strategies [J]. Biological Conservation, 134 (4): 571 – 579.

Quine C, Watts K. 2009. Successful de – fragmentation of woodland by planting in an agricultural landscape? An assessment based on landscape indicators [J]. Journal of Environmental Management, 90 (1): 251 – 259.

Saroinsong F, Harashina K, Arifin H, et al. 2007. Practical application of a land resources information system for agricultural landscape planning [J]. Landscape and Urban Planning, 79 (1): 38 – 52.

Schröder B, Seppelt R. 2006. Analysis of pattern – process interactions based on landscape models—overview, general concepts, and methodological issues [J]. Ecological Modelling, 199 (4): 505 – 516.

Seppelt R, Voinov A. 2002. Optimization methodology for land use patterns using spatially explicit landscape models [J]. Ecological Modelling, 151 (2): 125 – 142.

Townsend P A. 2001. Mapping seasonal flooding in forested wetlands using multi – temporal Radarsat SAR [J]. Photogrammetric Engineering and Remote Sensing, 67 (7): 857 – 864.

Turner J S, Briggs S J, Springhorn H E, et al. 1990. Patients' recollection of intensive care unit experience [J]. Critical care medicine, 18 (9): 966 – 968.

Turner M G, O'Neill R V, Gardner R H, et al. 1989. Effects of changing spatial scale on the analysis of landscape pattern [J]. Landscape ecology, 3 (3 –4): 153 – 162.

Walker R, Craighead L. 1997. Analyzing wildlife movement corridors in Montana using GIS. Environmental Sciences Research Institute. Proceedings of the 1997 International ArcInfo Users' Conference.

Warnts W. 1957. Geography of prices and spatial interaction [J]. Papers in Regional Science, 3 (1): 118 – 129.

Warnts W. 1996. The topology of a socio – economic terrain and spatial flows. Papers of the Regional Science Association, Springer.

Woldenberg M. 1973. Geography and the Properties of Surfaces, DTIC Document.

Yue D, Wang J, Liu Y, et al. 2007. Landscape pattern optimization based on RS and GIS in northwest of Beijing [J]. ACTA GEOGRAPHICA SINICA – CHINESE EDITION, 62 (11): 1223.